沒有好的想法
就別衝動創業

餿主意讓你
傾家蕩產

好點子帶你
財務自由

胡文宏．呂雙波／編著

受夠朝九晚五的日子，覺得上班族生涯太無趣了嗎？
經常被上司呼來喝去，想創業卻不知從何下手？
讓我們揮別死薪水，自己當自己的「頭家」！

崧燁文化

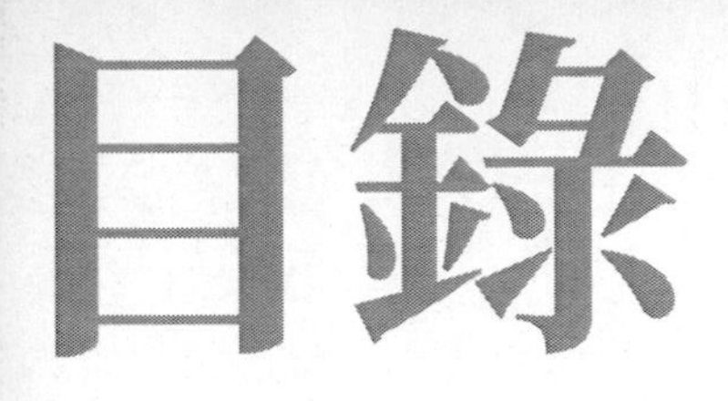
目錄

目錄

目錄

第六章　獨闢蹊徑：無本經營也發家

第七章　出奇制勝：智慧決定一切

目錄

前言

什麼是點子？簡單的說，點子就是使事情化險為夷或者錦上添花的想法、主意。它就像魔術師手中的魔術棒一樣，能創造出神奇的景象。

從人類誕生開始，點子就出現於我們祖先的腦袋中。用繩結記錄日期、磨尖石頭做兵器等等，都是我們祖先的點子。任何一個發明創造都起源於一個簡單的點子。這也是為什麼我們現在如此強調點子重要性的原因。也因此，現在我們要說一個人有主意，善於思考時，常常會說他「鬼點子真多」。

點子有大小之分，但無貴賤之分。它如同空氣一般無處不在，從帝王將相到尋常百姓，從大學教授到販夫走卒，都會有自己對於生活問題的點子。

南唐後主李煜宮中有一名宮女叫秋水，在佳麗如雲的後宮，一名默默無聞的普通宮女要想博得君王的寵愛，實在不是一件易事。有一天，她走到花園中，看見許多蜜蜂、蝴蝶在花叢中飛舞，她靈機一動，採了一些花插到頭上。於是，奇蹟出現了，只要秋水走到哪裡，便有一大群的蜜蜂、蝴蝶跟到哪裡。如是幾天，後宮中便盛傳有一宮女是仙女下凡。這件事終於傳到了李煜耳中，於是他立刻召見並對那名宮女加以寵幸。這便是一個點子。有一名國中生將繡花針改造成兩頭尖且針眼居中的針，避免了手來回翻轉的麻煩，這也是一個點子。

戰場之上，一個好的點子可以敵過千軍萬馬；商場之上，點子能使瀕臨倒閉的公司起死回生；情場之上，好點子能迅速獲取芳心。

我們是一群崇拜點子的力量的人，但我們並不耽於空想，不會不切實

際。我們知道點子不是從天上掉下來的，不是夢中自己走出來的。我們清楚累積的力量，我們的點子來自於腳踏實地。

畫龍點睛，我們的點子是那精采一筆。那是因為我們也埋首於栩栩如生的龍身的繪畫。

厚積薄發，我們的點子是那薄發一刻。那是因為我們承受了之前積沙成塔、集腋成裘的寂寞和枯燥。

養兵千日，用在一時，我們的點子就是那一時之用。所以我們需要為了這一刻，進行千日乃至萬日的養兵。

擁有點子的朋友們都有一個夢想。能用自己的點子為家、為國，創造更多的社會財富。在這迅速發展的時代，想要成功就要看吾輩的智慧和毅力了。就讓我們透過本書來不斷交流，深入探討，學習各式各樣的科學知識，養成隨時收集靈感火花的習慣，不斷逼近成功，逼近輝煌！

我們離成功只剩一個點子的距離了，而我們要做的就是去尋找那個驚世駭俗的點子！願本書能給你一點微不足道的啟迪，早日把財富收入口袋！僅此而已。

第一章　妙妙妙：好點子「點石成金」

無論在什麼情況下，我們都應該積極思考，不要任何時候都循規蹈矩，只要有了一個新的可行的思路，很多事情都會發生意想不到的變化。當一個絕佳的想法出現在你的頭腦裡時，不要猶豫不決，成功可能正在向你招手致意。

別放過每一個新奇的想法

在商界中，依靠一個新奇的念頭而成功的例子不勝枚舉。有時候，一個一閃而過的新奇念頭可能就會為我們帶來龐大的財富，所以，當你腦中出現新奇念頭的時候，就要想方設法抓住它，把它變成財富。

這個社會已經到了一種物質極大化且豐富的時代，每一個產業都快要飽和了，所以，競爭總是非常激烈的，要想在激烈的競爭中獲勝，沒有特點是不行的，你只有做到與眾不同才能脫穎而出。生活中，新奇的想法和念頭常常閃現，但絕大多數人只是把它當成一個念頭而已，想想就過去了，卻不知這些念頭中潛藏著多麼龐大的商機。富有者和貧窮者的差別，就在於富有者能把一閃而過的念頭抓住，而貧窮者只是把它當作一個念頭而已。

英國的商業奇才安妮塔．羅蒂克，年輕的時候嘗試著做過不少生意，但都以失敗告終了。一天，她在與男友聊天時，突然產生了一個神奇的念頭：為什麼我不能像賣雜貨和蔬菜那樣，用重量或容量的計算方式來賣化妝品？為什麼我不能賣一小瓶面霜或乳液，而不是將化妝品的大部分成本都花在精美的包裝上，以此來吸引消費者？

當這個念頭在她腦中出現的時候，她覺得這是個機會，然後她就把這個念頭告訴了男友，但是，男友並不認可她的想法，認為這真是無稽之談，這樣做根本不可能成功。但是安妮塔就是不相信，她向銀行貸款租了個店面，取名為「美體小舖」。就在她一切就緒準備開張的時候，一位律師受她小店所在的街道上兩家殯儀館的委託，控告安妮塔，認為「美體小舖」這種花俏的店名，會影響殯儀館莊嚴的氣氛而破壞業主的生意。

官司纏身的時候，她沒有驚慌，腦中又產生了一個新念頭。她打了通匿名電話給一家晚報，聲稱黑手黨經營的殯儀館正在恐嚇一個手無縛雞之力的

可憐女人 —— 安妮塔・羅蒂克，這個女人只不過是想開一家美容小店維持生計而已。

後來，這個新聞在晚報的頭版上出現了，引起了人們的注意，很多善良正直的人都到美體小舖來安慰安妮塔。這當然為她帶來了不少生意，這種不花錢做廣告的手段不僅讓她出盡了風頭，也賺足了錢。

之後，安妮塔又宣導顧客參與製作化妝品，她把各種香水油放在樣品碟裡，麝香、蘋果花、薄荷香等等，讓顧客選擇他們喜愛的香味，然後，讓他們自己把這些香料加到化妝品中。顧客們樂此不疲，大家十分熱衷於自己動手製作化妝品，並陶醉其中，樂不思蜀。

當人們來到美體小舖的時候，一定會有在其他的美容商店裡不一樣的感覺：簡易的包裝，用裝藥水的瓶子裝化妝品，標籤是手寫的，產品沒有說明書，只以海報的形式貼在店裡，這成為日後美體小舖經營的明顯風格，店裡甚至有一段時間擺上了藝術品、書籍之類的東西出售……這一切使她的小店生意日增，不到半年時間，她又開了第二間美體小舖。很快，她開了第三間、第四間同樣風格的小店……。

當靈感產生的時候，想辦法把它變成現實中可以看到的東西。畢竟靈感只是虛幻的，它不會直接變成財富，你必須去做，才會把理想變成現實，把念頭變成財富。

成功學大師拿破崙・希爾說，許多成功始於一個精明的設想，大多數人所缺的不是金錢的意識，而是好的念頭。心靈力量的發揮已經被眾多的自我創富者接受，並切實的創造出了矚目的成就。當財富開始到來的時候，它來得是那麼的迅速，那麼充足，甚至讓你都不敢相信這是真的。你會納悶，在過去那些貧困的歲月裡，財富都藏到哪裡去了。回過頭去想一想，你將覺察

到，財富其實始於一種思想狀態，一個好的念頭，而你只需要少量或根本不需要繁重的勞動。而好的念頭產生，源於對過去經驗的否定。

人的思維總是習慣朝一個固有的模式發展，比如說，談到電影院，我們的大腦一定會反映出大型的銀幕，一排排隱在暗影中的椅子，幾扇安全門和一些服務生。除此之外，似乎再也沒有什麼可以描述的了。但是，有位叫吉姆的人卻在和朋友看了場電影後，產生了一個新奇的念頭 —— 為什麼不能在電影院裡開設餐廳呢？如果這樣，我們既能看電影，又能喝啤酒，吃美味佳餚，那該是一件多麼享受的事！

第二天，吉姆便開始了行動。他在佛羅里達州承包了一家電影院，這不需要花太多的錢。然後，他在電影院裡建造了餐廳，讓電影觀眾如同上酒吧的顧客一樣，坐在舒服的座椅上吃著三明治，喝著啤酒，同時悠然自得的觀看電影。

這種別出心裁的新鮮事物一出現，立刻受到人們的歡迎，年輕人尤其喜歡。這裡沒有傳統的一排排固定的座椅，而是較為寬鬆的放置著桌椅。穿著燕尾服的服務員彬彬有禮的為觀眾送上三明治、披薩、啤酒等各種食品飲料。電影院裡布置得非常雅觀，在放映的時候，人們常會感到是在家裡與親朋好友聚會，吃著點心，看著電視節目的那種氣氛和感覺。

當時，一般電影院的門票是 5 美元，可是吉姆的餐廳電影院門票只有 2 美元。有些人不禁要問：「這樣做不會虧本嗎？」

「當然不會！」

電影院門票的收入只是他收入的很小一部分，他主要靠那個餐廳賺錢。很多人來這裡是要感受「家庭影院」的氣氛，並不在乎這裡的食物要比別的地方稍微貴一些，雙重享受的樂趣才是最重要的。

餐廳電影院開張以後，很快就容納不下紛至沓來的觀眾和顧客。第二家、第三家開張以後，還是滿足不了更多顧客的需求。最後，吉姆在全美國開了二十一家這樣的場所。吉姆打破常規，嘗到了甜頭，又順著這個思路想下去，將電影院的服務內容再次擴展。

白天，這裡不放電影，他就將電影院出租，供人們舉行會議和其他活動。這樣，電影院的使用率就更高了。他還在二十幾家餐廳電影院裡安裝了衛星接收器和屋頂天線，以便收看電視節目、進行視訊會議等等。這種新型的電影院為電影業帶來了一股新鮮的空氣。吉姆也因此成為百萬富翁，那一年，他才 26 歲。

好的念頭來自於對固定觀念的逆向思考，善於打破舊習慣的人，更容易產生新奇的念頭，為自己提供更多的選擇機會。獲取財富需要不斷的創新，不斷的產生好的想法，不斷的抓住新奇的念頭。

聰明的人善於在陳舊中捕捉創意，在迷惘中捕捉靈感，在山重水複中捕捉柳暗花明……新奇的念頭是財富的泉源。機會總會不斷提醒我們，可是有的人卻總是無動於衷，任憑機會白白喪失，然後，他到一邊去羨慕別人。當看到別人獲得成功的時候，有些人總是說：「我以前早就這麼想過了，但是就是沒做，如果我做了，成功的就不是他了！」這樣的話以後還是不要再說了，既然你想到了，那就馬上去做 —— 財富不會憑空產生，它要靠智慧的頭腦和勤勞的雙手去創造。

學會用小錢賺大錢

金錢是人們生存的物質條件之一。賺到錢，賺到更多的錢，會使人們的生活水準大大提高，生活品質大大改善，這當然是大多數人所期望的事。但

如何賺錢，特別是如何在本錢不多的情況下用小錢賺到大錢呢？用小錢賺大錢，很多人會覺得太難了。其實，這是因為人們的慣性思維束縛了他們的智慧。今天，在千變萬化的市場中，那種只有下大本錢才能賺大錢的思維早已過時，可以說，如果不能充分了解和把握市場風雲變幻的脈搏，即使下大本錢也不一定能賺錢，弄不好甚至會血本無歸。反之，如果一個人能掌握市場，抓住機會，用奇招獲勝，雖然本錢不大，但照樣可賺大錢。抓住機會，以迂求直就可以從無到有，以小魚釣大魚。

「以小搏大」是成功者常用的手段。其原因之一是有些人一心想發財，但是他們不屑於賺小錢，只想賺大錢，當然最後的結果是他們大錢小錢都沒有賺到；而有心人則抓住機會去賺這些小錢，最終累積成鉅額的財富。

成功的人士都是從小事做起的。有些事對於一個人來說，可能不過是舉手之勞，而別人卻很難做到；但也可能正好相反，一個人內心充滿對未來的憧憬，但別人對他美好的計畫根本視而不見。任何人都不要自大的認為自己天生是個「做大事、賺大錢」的人，而不屑去做小事、賺小錢，要知道，連小事也做不好，連小錢也不願意賺或賺不來的人，別人是不會相信他能夠做大事、賺大錢的！

萬丈高樓平地起，為了一分錢與別人討價還價不是一件醜事，小商家小攤販也不是沒什麼出息，世界上許多富翁都是從小商家小攤販做起的。金錢需要一分一厘積存，而人生經驗也需要一點一滴累積。在一個人成為富翁的那一天，他就已經成了一位人生經驗十分豐富的人。只有扎扎實實的從小事情做起，才能希望有朝一日做大事業，這樣從事的事業才會有堅實的基礎。錢賺得容易，必然失去得也容易。如果憑投機而暴富，那麼來得快，去得也快。

「先做小事，先賺小錢」有什麼好處呢？「先做小事，先賺小錢」最大的好處是可以在低風險的情況之下累積工作經驗，同時也可以藉此了解自己的能力。當一個人做小事得心應手時，就可以做大一點的事。賺小錢既然沒問題，那麼賺大錢就不會太難！何況小錢賺久了，也可累積成「大錢」！

此外，「先做小事，先賺小錢」還可培養自己踏實的做事態度和金錢觀念，這對日後「做大事，賺大錢」以及一生都有莫大的助益！

縱觀所有富人的成功之路，他們無不從小事做起，從小買賣做起，很多成大事、賺大錢者並不是一進入社會就獲得輝煌業績，很多大企業家是從小員工當起，很多政治家是從基層人員當起，很多將軍是從士兵當起，一進入社會就真正「做大事，賺大錢」的人是很少的！所以，當一個人的條件只是「普通」，又沒有良好的家庭背景時，那麼「先做小事，先賺小錢」絕對沒錯！絕對不能賭「機會」，因為「機會」是看不到、抓不到，而且是難以預測的！

美國加州有一位經營家庭用品郵購的青年。他先在發行量最大的婦女雜誌刊登他的「1 美元商品」廣告，所登的商品都是有名的大廠商生產的，非常實用，所以雜誌一刊登出來，訂購單就像雪片般多得使他喘不過氣來。他並沒什麼資金，這種生意也不需要資金，客戶匯款一來，就用收來的錢去買貨就行了。但是廣告中大約 20%的商品，進貨價格就超出 1 美元，60%的商品進貨價格剛好是一美元。顯而易見，顧客越多，他的虧損便越多。但他並不是一個傻瓜，寄商品給顧客時，他會再附帶寄去二十種 3 美元以上、100 美元以下的商品目錄和圖解說明，再附一張空白匯款單。

這樣一來，雖然賣 1 美元商品有些虧損，但是他是以小金額的商品虧損買大量顧客的「安全感」和「信用」，顧客就不會在戒備的心情之下向他買比較昂貴的東西了。如此，昂貴的商品不僅可以彌補 1 美元商品的虧損，而且

可以獲取很大的利潤。就這樣，他的生意就像滾雪球一樣越做越大，一年之後，他成立了一家郵購公司。又過三年後，他僱用五十多個員工，該年的銷售額就達到 5,000 萬美元。

他的這種釣大魚的辦法，有著驚人的效果。他起初一無所有，可是自從開始做吃小虧賺大錢的生意，不出幾年，就建立起他自己的公司。當時他不過是一名 29 歲的年輕人而已。

這個例子就告訴了人們：起初沒本錢沒關係，可以先用別人的錢建立起信譽，然後買空賣空，大獲成功。這就說明，任何想賺錢的人欲沿著筆直的路線達到自己認定的目標都是不現實的，世界上也不存在一帆風順、一步達到輝煌頂點、一口吃成個大胖子的先例。

日本橫濱的年輕水果商人石田一郎，也是用小錢賺大錢的一個成功者。橫濱有一家生意很好的廉價市場。石田看到這裡顧客很多，整天往來不斷，他突然心生一計，把市場門口已經歇業的腳踏車店租過來，經營水果生意。一間只有 15 坪左右的小店，每天有 100 萬日幣左右的營業額。

普通人總認為在廉價市場的旁邊開店經營無法做下去，以前的腳踏車店也是因生意蕭條而關門的。然而石田先生卻認為大有可為。結果他的想法沒錯，事在人為，他成功了，石田現在已做定廉價市場成千上萬的顧客的生意了。石田的店鋪面積並不大，所以他的店就像倉庫一樣堆滿了水果的箱子。一天進一次貨是無法應付像洪水般湧來的顧客的，於是石田便早上一次，下午一次，從中央市場僱卡車拉來成箱的水果，一搬下來就在顧客面前開箱出售。

要奪走廉價市場的顧客，商品售價就必須比廉價市場更便宜才行。一般水果店的利潤是 30%，廉價市場是 20%，而石田的平均利潤只有區區

10%，雖然利潤不大，但每天的營業額很高，累積起來也非常可觀。

用小錢賺大錢的賺錢法，很重要而又經常會用到的方法就是「借」：借環境，借聲勢。只有「借」到了地方，找到了可以下嘴的「缺口」，才能順順利利的「吃」。試想，如果石田把自己的小店開設在一個僻靜的地方，或者開設在賣高級商品的百貨公司旁邊，有誰又會去光顧這個偏遠又名不見經傳的小店呢？所以，關鍵還是要在「借」字上下工夫。

即使有「從今天起開始做」的想法，但如果訂了不切實際的計畫，到後來難以實行，也不會有什麼結果的。因此，在一開始時，不要把目標訂得太遠，應從小處著眼。

恐怕現在的年輕人都不願聽「先做小事，賺小錢」這句話，因為他們大都雄心萬丈，一踏入社會就想做大事，賺大錢。當然，「做大事，賺大錢」的志向並沒什麼錯，有了這個志向就可以不斷向前奮進。但說老實話，社會上真能「做大事，賺大錢」的人並不多，更別說一踏入社會就想「做大事，賺大錢」了。如果真能如此，應該具備一些特別的條件：優越的家庭背景，比如家族有龐大的產業，或是有權有勢的父母；或者擁有超乎尋常的才智，對於一項事業而言幾乎是不可取代的人選；還需要好的機會，有過人才智的人需要機會，有優越家庭背景的人也需要機會。滿足了這些條件才能真正一開始就「做大事，賺大錢」！

因此，嚮往三十而富的人應該問問自己：

你的家庭背景如何呢？有沒有可能助你一臂之力？你的才智如何，是「上等」、「中等」還是「下等」？別人對你的評價又如何呢？你對自己的「機會」有信心嗎？

對於大多數人來說，這些條件都是難以滿足的，所以從一開始「做小

事」，是以後能夠「賺大錢」的唯一途徑。

企劃就是生產力

幾年前的某一天，比爾蓋茲從微軟西雅圖總部附近的一家餐廳走出來，一個無家可歸的人攔住他要錢。給點錢自然是小事一樁，但接下來的事卻令見多識廣的比爾蓋茲也目瞪口呆 —— 流浪漢主動提供了自己的網址，那是西雅圖一個庇護所在網際網路上建立的位址，以幫助無家可歸者。

事後蓋茲感慨道：「簡直難以置信，Internet 是很大，但沒想到無家可歸者也能找到那裡。」

比爾蓋茲的微軟為網際網路帶來了統一的標準，也帶來了前所未有的壟斷。其 Windows 作業系統幾乎已成為進入網際網路的必經之路，全世界的個人電腦中，92%都是運用 Windows 軟體系統。

更值得一提的是，過去一段時間裡，微軟共投資並收購了近四十家公司。表面上看起來，微軟的投資和併購行為好像是一種隨心所欲的資金擴充動作，但只要把這些公司排在一起分門別類，立刻就會令人大驚失色！因為這些公司所代表的竟然是網路經濟的三大命脈：網際網路資訊基礎平臺、網際網路商業服務和網際網路資訊終端。微軟不僅統治了現在的個人電腦時代，而且已經開始著手統治未來的網路時代！

因此，美國司法部要引用反壟斷法控告微軟。

可是比爾蓋茲從容的說：「微軟只占整個軟體業的 4%，怎麼能算壟斷呢？」

蓋茲的話也自有他的道理，因為軟體的形態與工業時代的規模和產品建立的壟斷已有明顯區別。實際上，微軟已不僅僅是單純的壟斷，只有「霸權」

才能更確切的描述微軟的真實面貌。因為作業系統是整個電腦業的基礎，微軟以核心產品的壟斷，獲得了對整個軟體行業的霸權，使得壟斷操作「稀釋」和掩飾在更大範圍的霸權之中，與單純的數量占比和比例等等有關壟斷的硬性指標已無明顯關係。

軟體業的霸權是一種獨特的霸權，是知識的霸權，創新的霸權。

松下幸之助說：「今後的世界，並不是以武力統治，而是以創意支配。」

模仿也是一種創新

很多人都把日本人叫作「模仿的巨人，創造的矮子」 —— 這句話大概是從「說話的巨人，行動的矮子」一詞仿造出來的。一開始的時候，我們覺得這句話很有道理，可是繼而思之，越來越覺得這句話沒有多少道理。

我們認為，無論是日本人還是外國人，遇到一個問題並想解決問題的時候，都必須對其同類事物進行分析與綜合了解。我們知道，不論是偉大的發明創造，還是精采的藝術創造，都應該有一個基礎，有一個模式。

還是魯迅說得好，「燕山雪花大如席」是可以說的，而「廣州雪花大如席」就不行了，為什麼呢？因為「燕山的雪花」雖然沒有「席」大，但有雪卻是事實，而廣州就根本沒有雪，所以就更不可能「大如席」了。

一句誇張的話尚且如此，何況發明創造呢？

最典型且著名的發明要算瓦特的蒸汽機了，但是，如果沒有紐科門製造的蒸汽機做參考，瓦特的蒸汽機是不是能夠發明便是個問題了。

瓦特自己也說：「我不是發明家，而是改良家。」

牛頓說過：「我之所以比前人看得更遠，就是因為我站在巨人的肩膀上。」

這是科學家實事求是的話。

一切發明創造都是如此，這如同無法一步登上聖母峰一樣，所謂發明創造就是在前人智慧的基礎上，所進行的不斷改良而已。

曾有人說：「一切與發明創造有關的事物都是借來的，美與形莫不如此。」

常言道：「模仿產生創新」、「模仿是創新的第一步」、「創新力強的人，無不巧於模仿」等，都在心理學研究方面得到了充分的證明。

從這一點出發，日本人的模仿不正意味著創新力強嗎？只不過以前外國發展太快了，我們光顧著追趕他們了。因此，當進行發明創造並遇到問題的時候，就應該努力研究古今中外與其相似的事物，這樣，一方面可以少走冤枉路，把別人「失敗的教訓」變成自己「成功的經驗」，另一方面，能夠模仿的就盡量模仿。

在這樣的基礎上，哪怕只進行了百分之一的改良也是成績。

在自然科學上是這樣，在社會科學上也是這樣。例如：羅伯特．梅所著的《魯道夫》一書，五年間就發行了六百萬冊，受到人們的極大好評。其實，他的寫作技巧與文思格調，都是照搬名著《耶誕節之夜》，只不過在內容上小有突破罷了。

在日本，也有許多類似的情況。大佛次郎那本風靡一時、曾令百萬讀者為之傾倒的《鞍馬天狗》就是如此。這部小說最初在雜誌上連載，就連東京大學校長山川健次郎博士也稱讚是文壇久未得見的成功之作。然而，這部《鞍馬天狗》卻是脫胎於法國小說《夜的恐怖》，曾載於《新趣味》雜誌。大佛次郎將原著的故事情節移為己所用，只是將小說背景安排在了江戶幕府末期，並把人物換上了近藤勇，於是，這部《鞍馬天狗》便問世了。

「講談社」第一任總編輯築波四郎曾講過這樣一件事：「恕我不能披露當事人的姓名，總歸他是個很有名的人，也是個模仿能手。他在進行創作時，往往是取他人成功之作，作為自己的創作素材，然後將書中的山川、河流等固有名詞換掉，再對時間、天氣、地點加以改動，最後再對原著的風格、技巧進行改頭換面，這樣經過幾次『手術』，最後就會與原著面目皆非了。」

這就是說，作家絕對不模仿、不借鑑別人是不可能的，所謂的「創作」不過如此。

總之，要想獲得成功，就必須針對問題，將挑選來的材料統統據為己有，所要注意的是，不要機械式的模仿，而要把它靈活變成自己的東西，然後再加上自己的哪怕是一點點的獨創，這就足夠了。

把咖哩粉撒在富士山上

日本有一家公司，主要生產咖哩粉。有一段時間，這家公司的產品滯銷，堆在倉庫裡面賣不出去，眼看就要破產了。公司要破產，大家都在想辦法進行促銷，可是所有手段都施展出來之後，公司的銷售量還是沒有提高。公司的經理一個個都「畢了業」，連續換了三任經理。受命於危難之際的第四任經理田中走馬上任，可是還是沒有好辦法。大家都清楚，公司的產品賣不出去的原因是顧客對公司的牌子很陌生，很難注意到有這種產品。

公司的產品銷量一天天萎縮，公司的資金一天天減少，眼看就要關門大吉了。由於沒有足夠的資金，大量做廣告是不實際的，但是如果不拚死一搏去做廣告，那也無異於坐以待斃。

做廣告，做廣告，做什麼廣告呢？

必須做一個「一顆子彈消滅一個敵人」的廣告！

這不等於廢話嗎？哪個公司不想做這樣的廣告！

一天，田中經理正在辦公室裡翻報紙，一則新聞吸引住了他。這則新聞說：有一家飯店的員工罷工，媒體進行了追蹤報導，罷工問題圓滿解決，飯店恢復營業，原先不景氣的生意現在變得異常興隆。

在日本，勞資雙方的關係一般都相當和諧，一旦出現罷工的事情就會成為新聞焦點。

田中看著看著，眼裡突然冒出了金星，大腦裡突然有了主意：這家飯店之所以生意興隆，就是因為新聞媒體無意之中幫忙炒起來的……我們公司為什麼不可以利用這種虛招進行一番自我宣傳呢？

想著想著，一個巧妙的想法在他的大腦裡形成了。

不做則已，要做就要做出個名堂。他經過深思熟慮，偷偷叫來了幾個主管，關上房門，如此如此的吩咐了一番。

幾天之後，日本的幾家大報，如《讀賣新聞》、《朝日新聞》等刊登出了這樣一則廣告：

SB 公司專門生產優質的咖哩粉，為了提高產品的知名度，今決定僱數架直升機到白雪皚皚的富士山撒咖哩粉，富士山將只能看到咖哩粉的顏色了。

這是一則令全日本人都感到震驚的消息。

日本，富士山是一大名勝，不僅在日本人心目中，在全球大眾的心目中，富士山都是日本的象徵。在這樣神聖的地方，居然有公司膽敢撒咖哩粉？

真是豈有此理！

SB 公司的廣告剛剛刊出，國內輿論一片譁然。很多人都知道 SB 公司在故弄玄虛，但是對如此的言詞仍然難以忍受，紛紛指責 SB 公司。本來名不見經傳的 SB 公司，連續好多天在報紙、電視、電臺等各種新聞媒體上成為大家攻擊的對象。有的人甚至放出話來，如果 SB 公司膽敢如此放肆，我們一定讓它倒閉！

在一片輿論的聲討聲中，SB 公司的名聲大振。臨近 SB 公司廣告中所說的在富士山撒咖哩粉的日子前一天，原先發表過 SB 公司廣告的報紙都刊登出了 SB 公司的鄭重聲明：

鑑於社會各界的強烈反應，本公司決定取消原來在富士山頂撒咖哩粉的計畫。

反對的人們歡慶自己的勝利，田中和 SB 公司的員工們也在歡慶他們的勝利。這樣一陣騷動，全日本的人都知道有一家生產咖哩粉的公司叫 SB 公司，並且錯以為這家公司是一家實力超群、財大氣粗的公司。很多小商家小攤販都紛紛投到 SB 公司的門下，大力推銷 SB 公司的咖哩粉，SB 公司的咖哩粉一時之間成了暢銷產品。

田中經理的一招妙棋救活了一家公司。目前這家公司的產品在日本國內市場占有率高達 50%。

當然，這樣的招數不應該經常使用，如果一旦使用，就必須把假戲做得比真的還要真，否則就會弄巧成拙。

直逼你的目標

據聖經記載，馬太曾說：「這世界是窮者越來越窮，富者越來越富。」後來人們把這種現象稱為馬太效應。

成功與失敗也有兩極分化的馬太效應。越成功越自信，越自信就越成功。拿破崙一生曾打過一百多次勝仗，勝利使他堅信自己會所向披靡，而使

敵人聞風喪膽。而失敗會使人越來越失敗，離成功越來越遠。古語所說的「屋漏偏逢連夜雨」、「禍不單行」正是這種現象的寫照。

所以你的目標確定以後，就一定要堅持，要找出辦法來，將其實現。如果一味放棄的話，只能導致你越來越沒自信，越來越遠離成功。

直逼你的目標，你會更加容易把握機會，更加容易戰勝怯懦的自我，在艱辛的努力之後獲得成功！

許多人不可謂不辛苦，花的時間用的精力不可謂不多，但為何他的人生從來就沒有成功過，始終未見成果？

其實成功也很簡單，那就是直逼你的目標。堅持，堅持，再堅持。

現在有些人總是抱怨自己缺乏書本知識，抱怨自己沒有開發新領域的機會，抱怨命運的不公平。要知道，抱怨是於事無補的。把握時間，勤奮學習，明確自己的奮鬥目標，然後圍繞目標，千方百計，攻關破難，仍然不失為走向成功的一個好方法。這就要求：直接對準選定的創新目標，直接進入創新狀態，建立知識輸入、知識累積的有序性 —— 即根據創新需求累積知識、補充知識，而不做繁瑣的知識準備。

愛因斯坦為什麼年僅 26 歲時就在物理學的幾個領域中做出了一流的貢獻？達文西為什麼能成為「全才」？僅僅是因為他們的天賦嗎？可以說，許多科學家能迅速獲得成功，都在不同程度上使用過這種「直接法」。試想，當時愛因斯坦二十多歲，學習物理學的時間不算長，作為一個業餘研究者，他的時間更是極為有限。而物理學的知識浩如煙海，如果他不是運用直逼目標法，就不可能在物理學的三個領域都獲得一流的成就。他在《自述》中說：「我看數學分成許多專門領域，每一個領域都能費盡我們所能有的短暫的一生，物理學也分成了各個領域，其中每一個領域都能吞噬短暫的一生……可是，在這個領域裡，我不久就學會了辨識出那種能導致深邃知識的東西，而把其他許多東西撇開不管，把許多充塞腦袋而使它偏離主要目標的東西撇開不管。」

運用直逼目標的方法有哪些好處呢？其一是可以提早做出成果，更快做出成果;其二是有利於高效率的學習，有利於建立自己獨特的最佳知識結構，並據此發現自己過去未發揮的優點，產生獨創性的思想。直逼目標還可以使大膽的「外行人」毅然闖入某一領域並使之得以突破。DNA 雙螺旋結構分子模型的發現，就是有力的例證。這個被譽為「生物學的革命」、20 世紀以來生物科學最偉大的發現者是沃森和克里克，兩人當時都很年輕（沃森當時僅 25 歲），而且都是半路出家。他們從認識到合作，從決定著手研究到提出 DNA 雙螺旋結構分子模型，歷時僅僅一年半。可以說，如果沃森他們不是直逼目標，是不可能在短短的時間內獲得如此碩大的成功。

人類知識的發展有著「可壓縮性」與「可跳躍性」兩種性質。學習不是把前人的路再走一遍。我們不需要從甲骨文，從礦石收音機漸次學起，而只須直接學習現代華語與積體電路。高中數學中的那些千奇百怪的因式分解題，足以使人神經衰弱，但如果學了高等數學的羅必達法則，一切則輕而易舉。一位物理學家認為：「有些知識不見得非學透、學懂，有個大概印象即可，用時再細學。」一位美國心理學家認為：「就一般情況而論，多數人都是等到開始工作的時候，才到處請教學習。」講的也是這個道理。

直逼目標雖然是把握機會、創造機會的好方法，但也要運用得當。對準創新目標，並不意味著沒有一點知識就可以進入創新狀態，而是指只有在階段時間內集中精力，掌握某一領域所必備的知識，才能較快的獲得成功。

不要讓眼睛離開目標

是的，機會就在目標之中。用眼睛盯住目標，必須用理智去戰勝飄忽不定的興趣，不要見異思遷。正如美國作家馬克吐溫所說的：「人的思維是了不起的。只要專注某一項事業，那就一定會做出使自己都感到吃驚的成績來。」

我們常想，如果一輩子只做一件事情，那樣的話，那件事情一定是精品，或許會流傳下去。

當然，一輩子只做一件事情，需要很大的勇氣，很多的耐心，要耐得住寂寞，要把眼睛死死的盯住你的目標。

古往今來，凡是有所作為的科學家、藝術家、思想家，或政治家，無不注重人生的理想、志向和目標。何謂目標呢？它猶如人生的太陽，驅散人們前進道路上的迷霧，照亮人生的路標。目標，是一個人未來生活的藍圖，又是人的精神生活的支柱。美國著名整形外科醫生麥斯威爾．馬爾茲博士在《人生的支柱》中說：「任何人都是目標的追求者，一旦達到目標，第二天就必須為第二個目標動身啟程了……人生就是要我們起跑、飛奔、修正方向，如同開車奔馳在公路上，有時偶爾在岔路上稍事休整，便又繼續不斷在大道上奔跑。旅途上的種種經歷才令人陶醉、亢奮激動、欣喜若狂，因為這是在你的控制之下，在你的領域之內大顯身手，全力以赴。」

那麼，目標對機會有何作用力呢？如果概括一句，可以這樣理解，機會就是對目標的控制，即對目標的內在控制力。

在科技發展的歷史上，很多著名人士都是眼睛緊緊盯住目標，達到把握機會的目的。德國昆蟲學家法布林這樣勸告一些愛好廣泛而收效甚微的年輕人，他用一支放大鏡示意說：「把你的精力集中放到一個焦點上去試一試，就像這塊凸透鏡一樣。」這實際是他個人成功的經驗之談。他從年輕的時候起就專攻「昆蟲」，甚至能夠一動不動的趴在地上，仔細觀察昆蟲長達幾個小時。

那麼，如何才能讓眼睛不離開目標呢？

一是要確定目標，二是要考察自己的長處和短處，結合自己的情況，揚長避短。

目標聚焦，雖然方向正確、方法明確，但成功的機會有時也可能姍姍來遲。如果缺乏堅韌的意志，就會出現功敗垂成的悲劇。生物學家巴斯德說過：「告訴你使我達到目標的奧祕吧，我唯一的力量就是我的堅持精神。」很多成就事業的人都是如此。如洪昇用九年寫作《長生殿》，吳敬梓用十四年寫作《儒林外史》，阿．托爾斯泰用二十年寫作《苦難的歷程》，列夫．托爾斯泰用三十七年寫作《戰爭與和平》，司馬遷更是耗盡畢生精力寫作《史記》等等。中國古代著名醫師程國彭在論述治學之道時，所說的「思貴專一，不容浮躁者問津；學貴沉潛，不容浮躁者涉獵」，講的就是這個道理。

羅斯福總統夫人在本寧頓學院念書時，要在電信業找一份工作，修幾個學分。她父親替她約好去見他的一個朋友 —— 當時擔任美國無線電公司董事長的薩爾洛夫將軍。羅斯福夫人回憶說：「將軍問我想做哪種工作，我說隨便吧。將軍卻對我說，沒有一類工作叫『隨便』。他目光逼人的提醒我說，成功的道路是目標鋪成的！」

記得著名哲學家黑格爾曾經說過這樣一句話：「一個有品格的人即是一個有理智的人。由於他心中有確定的目標，並且堅定不移的追求達到他的目標……他必須如歌德所說，知道限制自己;反之，那些什麼事情都想做的人，其實什麼事都不能做，而終歸於失敗。」

借錢的價值

美國富商丹尼爾．洛維格 14 歲的時候，父親和母親離異了。

他和父親來到德州亞瑟港 —— 一個造船小港。父親仍然做自己的老本行 —— 房地產經紀人。

洛維格的心仍沉迷於船隻之中而難以自拔。到後來，他乾脆輟學到港口去打零工。這樣一來，就可以與他朝思暮想的船隻終日廝守在一起了。

遊蕩了幾年，他終於在一家海軍引擎廠待了下來。工廠派他到全國各港口去，幫忙把引擎裝上船。這是他一生中唯一一次在別人手下工作。他喜歡這個工作，並發覺自己的手藝還不錯，於是有空的時候便單獨替別人裝引擎。後來，自己接來的工作忙不過來，便辭掉了工廠的工作，當上了這一行的自營工作者。

在此後的二十年中，洛維格並未能出人頭地做出驚天動地的事業來。

他終日為生計而忙忙碌碌，從這個港口跑到另一個港口，買船隻賣船隻，租借修理船隻，有時賺錢，有時賠錢。他很少有現金可花，幾乎總是欠債，有好幾次面臨破產的邊緣。

29 歲的時候，他大禍臨頭，險些送命。一艘船的油箱爆炸，他被炸傷了。當時，有兩名船員在機艙裡被熏昏了。他下去救他們出來，這時候油箱突然爆炸，兩位船員獲救了，他的背部卻受了重傷，留下殘疾，一輩子背痛不已。

當洛維格 40 歲的時候，突然大徹大悟，發現了「借錢的價值」。其實每個人的悟性都是相通的，不同的只是有的人悟性高，悟性早；而有的人悟性差，悟性晚。洛維格到了 40 歲才悟出「借錢的價值」，成為一代借錢創業大師。

不過，這次借錢的對象不是他的父親，而是銀行。

他向銀行貸款把一艘貨船買下來，改裝成油輪，因為載油比載貨更有利可圖。

銀行的人看了看他那磨破的襯衫衣領，問他有什麼可做抵押。他說他有一艘老油輪在海上，就是讓他背部受傷的那艘船。

接著，洛維格將自己的盤算告訴對方，他把油輪租給了一家石油公司。他每個月收到的租金，正好可每月分期還他要借的這筆借款。因此，他建議把租約交給銀行，由銀行向那家石油公司收租金，這樣就等於他在分期還款。

這辦法聽起來有些荒唐，許多銀行是不願意接受的。但實際上，這對銀行還是相當保險的。

洛維格本身的信譽也許不是萬無一失，但是那家石油公司的信用卻是可靠的。銀行可以假定石油公司按月付錢沒問題，除非有預料不到的重大經濟災禍發生。退一步說，假如洛維格把貨輪改裝成油輪的做法，結果也跟一些其他的做法一樣失敗了，但只要那艘老油輪和那家石油公司繼續存在，銀行就不怕收不到錢。

洛維格的精明之處，就在於利用他人可靠的信譽來增強自己的信譽。

結果，銀行就這樣把錢借給他了。

洛維格用這筆錢買了他需要的舊貨輪，改裝成油輪租了出去，然後再利用它來借另一筆款項，再去買一艘船。

這種做法延續了幾年，每當一筆借款付清之後，洛維格就成了某艘船的主人。租金不再被銀行拿去，而是由他放入自己的口袋裡。這就是洛維格創意的精明之處和絕妙之舉。

他沒掏出一分錢，便擁有了一支船隊，贏得了一筆可觀的財富。

一個人的口袋裡一旦有了錢，他就會希望有更多的錢進入他的口袋。

洛維格已經不滿足於現有的這種借錢的方法，他又產生了一個更妙的念頭：如果可用一艘現有的船來借錢，為什麼不能用一艘還沒有建的船來借錢呢？

根據這個創意，洛維格又想出了利用借錢來賺錢的第二種方法。

該方法是這樣的：他設計一艘油輪，或其他有特殊用途的船，在還沒有開工建造的時候，他就找到了客戶，願意在它完工的時候，把它租回去。手裡拿著契約，他跑到一家銀行去借錢造船。這種借款採取延期分期攤還的方式，銀行要在船下水之後，才能開始收錢。船一下水，租金就可轉讓給銀行，於是這項貸款就像上面所說的方式一樣付清了。最後，等一切結算完畢，洛維格就以船主的身分把船開走，可是洛維格當初一分錢也沒花。

起初，這種想法再次令銀行震驚。但是，他們仔細研究之後，覺得他的話很有道理。因為這時洛維格本身的信譽已經沒有什麼問題了。何況，跟以前一樣，還有別人的信譽加強還款的保證。

當洛維格發明了這種貸款方式暢通無阻之後，他可以著手累積他的龐大財富了。

他先去租別人的碼頭和船塢，繼而借別人的錢造自己的船。

他的造船小公司成立之後，在第二次世界大戰期間，美國政府購買了他所造的全部船隻。他的造船公司就這樣迅速成長起來。應當說，洛維格的創意是具有天才之意的，令人叫絕稱奇。

很多人都認為，一個絕妙的主意不是一般人可以想出來的。其實不然，一個好的主意常常不過就那麼一點，洛維格的經歷就可以用來說明這一點。

常規就是這樣被打破的

佛經中有這樣的一個故事：

一個寒冷的冬天夜晚，兩位小和尚很快就要被凍僵了，為了活命，大師兄搬下一尊佛像砍了，燒火取暖煮食。

師弟嚇壞了，說：「師兄，你平時那麼虔誠，拜佛、敬佛，為何今天做出這種大逆不道的事情來，對佛如此不敬？」

師兄平靜的說：「佛是最講本真和自然的，最忌諱虛假的表面形式。一個人渴了要喝水，睏了要睡覺，餓了要吃飯，這樣才能夠保住性命。這都是最真實、最自然的、最亟需解決的事情。拜佛修練是領悟佛理的智慧，而佛恰恰最講究的就是隨機，就是具體問題具體分析，不死守僵硬的種種教條和形式。現在這種情況，我只有這樣做才符合佛的本意啊！要是我不這樣做，被佛理的常規所限制，只遵從佛像這個表面形式，寧願餓死、凍死，那才是曲解了佛意！」

還有一個有關神的故事：

在一個山洞邊有一座很大的土地公廟，裡面有一尊木頭雕成的土地公，足有四、五公尺高。據當地的老百姓說，這裡的土地公靈得很。

一天，突然山洪暴漲，平時不用脫鞋就可以走過去的山溝，現在卻變成了一般人過不去的天塹。

有一位很粗魯的人來到這裡沒辦法過去，他左看右看，然後毫不猶豫的走到土地公廟前，二話不說，乾淨俐落的就把土地公神像搬了過去、架在山溝上，輕輕鬆鬆的從土地公身上走過去了。

過了一下子，來了一位謙謙君子，他看到山溝上架著土地公神像，心裡立即感到不是滋味：是哪個大膽狂徒，居然對土地公如此不敬……他馬上走

過去，把土地公輕輕扶起來放到岸邊，虔誠的彎下腰去撈了一些野草，把土地公身上的泥土洗得乾乾淨淨，再重新放到原來的地方去。

所有這些，都被土地公和一個小鬼看得清清楚楚。

小鬼對土地公說：「一定要狠狠懲罰那個對您大不敬的人，一定要好好保佑那個對您尊敬的人。」

土地公說：「正好相反。你想，那個粗魯的人已經不相信神明了，你如何去處罰他呢？那個謙謙君子既然相信神明，他就應該再替我塑一個金身，怎麼就這樣走了呢？我給他一個報應，我不是就有一個金身了嗎？」

這些故事都多少有些禪意：

作為一個佛教徒，愛護佛像是理所當然的，在通常情況下，是一定要保護好的。但是在特殊情況下，卻可以把佛像砍了當柴燒。毫無疑問，這個敢於燒佛像的小和尚，便是一個有智慧並且不守教條的成功者。唯有他，才能幸運的生存，有成功的機會。因此，那些在任何情況下都唯恐打破瓶瓶罐罐的人，是永遠也沒有脫穎而出的好「運氣」的！

那個貪心的土地公也是一個敢於打破常規的「人」。如果按照常規，那個粗魯的人是必須嚴加懲處的，而那個虔誠的謙謙君子是應該得到神明的保佑的 —— 那個小鬼的建議就是這樣；然而那個土地公就不一樣了，祂敢於打破常規……因此，一個好的思路不就是這樣產生的嗎？

第二章　生財有道：商機無處不在

生活中缺少的不是發財的機會，而是缺少一雙發現通向財富之門的慧眼。其實平常的生活中，你只要用心去尋找，不為一個小小的細節所蒙蔽，說不定鑽石就在你家的後院。

茶餘飯後話商機

時下，想經商開店做生意的人越來越多了，但總有一些人認為自己沒趕上好機會，現在經商比以前難多了。他們覺得上帝根本沒給自己機會 —— 想想那時候，一次又一次的熱潮，一輪又一輪的商機，沒有「地雷」，只有黃金；賺的可能是99%，虧損的係數不足1%。看看今天的市場，人人搶生意，個個比降價，利潤越來越薄，生意越做越難……。

不管是哪一「級」的成功者，他們獲取成功的一個共同的精神特質就是 —— 永不言晚，立即行動！因為處處留心皆市場，賺錢商機就在你身邊。很多人對商機可謂是敬畏有加：「這可是了不得的東西，我們普通人可發現不了商機！」如果你這樣想，那你可能永遠也不能把握商機。

也許你誤解了商機二字，其實所謂商機，只不過是那些能為你帶來利益和財富的機會，獲得一個好專案是商機，得到一個不錯的市場需求是商機，得到競爭對手的資訊是商機，了解到自己的一些缺點也是商機！

商機並不只偏愛別人，你自己也能把握商機，關鍵是你要用心去看，用心去聽，用心去調查。總有一天，你會頓悟 —— 原來商機就在你心中，就在你身邊。

用「市場眼」掃描身邊事「悟」出商機

許多時候，商機就潛伏在我們身邊，只是許多人視若無睹罷了。倘若我們的經濟意識再強化一些，賺錢的欲望再濃烈一點，對身邊的事常用「市場眼」掃描一番，也許你就會發現，商機已經降臨到你的頭上。

阿天原本在公家機關工作，因不甘清貧，幾年前辭職做起自營生意。

今年他老婆所在的企業不景氣，也隨丈夫一起創業。但是，小本生意也僅夠糊口，發不了大財。

一次，阿天在整理舊物時，無意中翻出了太太送給他的一疊卡片，這些由太太親手繪畫的卡片，構圖怪趣，阿天想與他人分享共賞，於是夫妻倆合力設計了幾款卡片寄給朋友。朋友們（尤其是生意場上的朋友）收到賀卡之後，紛紛稱讚賀卡與市面上的外國進口卡相比，別具一格，並當場向他們訂購新款的卡片，共達百餘張。

見到卡片的反應如此理想，阿天不由得暗喜：逮住這一機會，不僅能夠賺上一筆，而且還能進一步擴大市場，獨家經銷。

當機立斷，他和老婆絞盡腦汁奮戰了幾晝夜，設計了近八十款，交給代理商印出首批八萬張，委託禮品店和書店出售。小小的卡片確實很受消費者青睞，首批售罄後又被催著供貨。見此情景，阿天決意來個大動作，情人節前夕，他委託當地有線電視打出了如下廣告：

情人節來臨，你想送什麼禮物給你心愛的人呢？隨處可見的禮物只為「大眾情人」所喜愛，模而不仿、出自心意的禮物，才為你心愛的人所接受，這樣的禮物，想要嗎？心動不如行動，聯絡電話……。

阿天囑咐電視臺將此廣告連續播出八天。然後他就搭上了長途巴士。行前他交代太太，凡有電話聯絡購買上述商品，便來個「美麗的謊言」：貨在途中，將至。

第三天下了車，阿天做的第一件事就是向家裡打電話，問是否產生了廣告效應。妻子答覆不是很樂觀，只有兩、三間學校要來訂貨。妻子心裡有些緊張的說：「應該不會做賠本的買賣吧？那貨少弄幾個算了，少做一點！」阿天知道同輩年輕人的心理，不到火候，不動聲色。笑著告訴妻子，放心吧，我的判斷肯定沒錯。

掛完電話，阿天開始東奔西跑，拿到所訂購的貨物後，又馬不停蹄的把貨物押運回了家。形勢果然大好，當天下午，便被搶購一空。等當地的商家醒悟，紛紛模仿趕備貨時，已來不及了。這是一次名副其實的獨家經銷，情人節之夜，阿天帶回的兩批貨中，賣得只剩下兩張卡片。

掌燈時分，阿天抱起妻子，讓她親手把兩張卡片嵌在床頭上的小木框裡，夫妻倆雙眼噙滿了自豪的淚水。

該出手時就出手，莫讓商機溜走

小宋在一家瀕臨倒閉的小工廠裡工作時，偶然從某報上看到，一家實用新技術推廣中心研製的「輪胎快速自動（防凍）補胎劑」效果很好。半信半疑的他，便請對此也持懷疑態度的廠長出差時順路帶回幾瓶，親自一試，的確不錯。輪胎加入補胎劑後不用扒胎，一秒內就將小於 5 公釐的洞口自行補好。他有點心動了。在周圍一些人瞻前顧後時，他不顧家裡人反對，火速趕到那家推廣中心，進一步了解情況。

在那裡，小宋又從別的地區經銷商那裡學了些銷售技巧，參觀了生產場地，並採訪了很多使用者。確信無疑後，他立即首批訂購了一萬瓶補胎劑，在當地繁華的路口，從容的用錐子扎著加入補胎劑的車胎，有時也讓顧客參與，都能隨扎隨補。用事實說話，首批貨一週內即銷售一空，並且沒有一個使用者因品質來投訴，反應良好，要貨者絡繹不絕。這次，他完全信服了。心動不如行動，在家裡人的催促與支持下，小宋立即與發明單位辦理了相關手續，獲得了區域代理權，享受了更多的優惠政策。兩個月後，他買了輛車子，配備了手機，一時成為當地群眾談論的焦點人物。

小陳原在一家醫院當牙科醫師，與牙病患者接觸得多了，使她萌生了發展洗牙的想法：隨著人們保健意識的增強，洗牙必將很有前景。小陳自有想法：要把洗牙選在旅館裡。這裡的客人消費能力強，經常走南闖北，容易接受新事物。而當時洗牙在當地真可謂才剛剛起步，許多人覺得刷牙不就得了，洗牙簡直是吃飽了撐著才做的。

家人對她的事毫不熱心，總覺得牙痛不是病，洗牙哪能成為事業。但小陳卻堅持認為，這是一個難得的機會，誰搶先誰就能賺大錢，於是她當機立斷，辭了工作。在男朋友的幫助下，她籌措 10 萬元買了一臺超音波洗牙機和配套設備，接著在大樓租了間房，算是展開了業務。

住旅館的多是過路客，可誰知一些過路客竟也成了回頭客。這全靠小陳的兩件法寶：衛生和服務。圍巾、口腔鏡、鑷子等採用拋棄式用具，超音波洗牙機的探頭、手把、握柄，每次都嚴格消毒，顧客感覺在這裡洗牙比去其他地方放心得多。為客人免費建立個人健康檔案，義務進行醫療保健諮詢和指導，許多人覺得這裡比醫院舒心得多。

把生意設在旅館，盯的是來往客人的口袋，可孰料「無心插柳柳成蔭」，小陳的聲譽不脛而走，附近的居民逐漸前來，一開始他們抱著試試看的心理來「嘗」個新鮮，可後來竟演變成了攜家帶眷和攜親帶友。

一臺洗牙機不夠，那就再添購一臺！小陳和男友達成了共識。反正總不能讓顧客排隊等吧！於是年底，她的洗牙室又多了一臺等級更高的洗牙機。

投資不大，收益不小。對於自己的幸運，小陳說：「我僅僅是比較果斷、比較細心罷了！」然而熟悉她的人卻都說：「細心的小陳，善於捕捉多變的商機！」

商場如戰場，當商機出現的時候，優柔寡斷和瞻前顧後也許能使我們避開風險，但也往往使寶貴的商機從身邊迅速溜走。成功是和機會成正比

的，機會一旦來臨，揮舞果斷這把利劍，當斷則斷，劈開的也許就是一條成功之路。

個人的興趣愛好也有「錢」力可挖

許多人都有自己的業餘愛好，如果換個角度，讓自己的興趣市場化，變成一種生意項目，往往能抓住商機把生意做得很專業，做得很長久。

陳先生是個養觀賞魚的愛好者。他幾年前退休了，由於經濟狀況的限制，他的這一愛好受到了很大的局限。一天，他閒逛花鳥市場時，發現那裡出售種類繁多的觀賞魚，他猛然觸景生「計」，何不利用自己對養魚的專長來增加一點經濟收入？回家後，他便集資萬餘元，在市郊租賃了 150 坪的場地，砌了魚池，購進若干種金魚，配備了氧氣泵、加溫設備等。在他的精心管理下，這批種魚在當年就繁殖了大量的幼魚。結果，僅是將淘汰的幼魚出售，就賺進了十幾萬元。去年，陳先生售出的淘汰魚和成魚，總收入達到了 40 多萬元，今年預計要突破 60 萬元。

在人們眼裡，女性開店似乎離不了油鹽醬醋、婆婆媽媽。可不久前，筆者出差，就親眼看見一位纖纖女子打理的玲瓏家居飾品店，那情調、那氛圍，絕對令人難以忘懷。那是開設在城市裡最著名的商業大街旁的一個特色商店，只是一個小小的店面。屋內有魚形的燈具、淡淡的香氣，和由女店主親自設計的小屏風、小瓷娃、筷架等飾物。這些飾物在古箏的背景音樂中慢慢流動，混合成一種氛圍、一種味道，非常東方，非常女性。

筆者與女店主交談起來。女店主告訴筆者，她叫潘玲。她說她原本是一家資訊公司的行政部門經理，現在開著自己的家居飾品店，和許多經營特色商店的女性一樣，她的理想是依著自己的興趣愛好，生活在藝術的氛圍裡，同時，把這種概念帶給其他有同樣喜好的客人。

筆者注意到，在潘玲的設計中有手繪的古瓷餐具、餐巾掛環、筷架等小擺飾，不僅手法誇張、造型別致，而且實用性也很強，每一件裝飾品都設計得很巧妙，使用也很方便。最有意思的是，潘玲很大氣，她說她一點都不「反盜版」，看到別人店裡照抄她的東西，她卻一點也不生氣，她說，只要可以為家居生活添一些品味，就應該是美好的抄襲。她認為自己開這家店完全是興趣所致，是讓具有東方韻味的飾品進入到現代家居生活中，讓人們體會生活中不應該被忽視的風景。潘玲說：「在這個過程中，哪怕知音非常非常少，我也很開心。」但一些老顧客說，她們已經成了潘玲的知音，不是一個、兩個，而是一大群。

愛好是人的天性，是你對娛樂的追求。以往，人們往往只從金錢的角度去選擇第二職業，很少考慮到可以將業餘愛好作為選擇第二職業時參考的重要因素，例如有的人不喜歡教書，卻選擇了利用業餘時間到夜間部教書，作為自己賺取職業外收入的途徑，而有的人到報社從事夜間校對員，他的業餘愛好卻是集郵和買賣郵票。凡此種種，個人愛好和所從事的第二職業相分離，第二職業變成了一種純粹的實現賺錢目標的手段，這種不考慮個人愛好，單純從賺錢的目標出發選擇第二職業的做法，雖然大量的存在於現實生活中，但卻不利於人的潛能的發揮。因此，最好的選擇是把你的業餘愛好與第二職業結合起來，利用內心的平衡去賺錢。這樣，你就能更加享受工作帶給你的樂趣。並且在工作之餘，感受到第二職業的愉悅。其實只要足智多謀，幾乎任何業餘愛好都有可能變成一種有利可圖、善加利用閒暇時間的賺錢門路。

最易捕捉也最易溜掉的是「小」商機

不少人都有這樣的願望，總夢想自己有朝一日能財源滾滾來，瀟灑的做一回大老闆。但大多數人終其一生，卻難以夢想成真。這是什麼原因呢？是因為有些人賺錢的心太急切了，小錢不想賺，只想賺大錢，等不及小苗長成大樹，他們要的是「大海」而不是「小溪」，看不到小溪匯集在一起能積聚成大海。曾有位百萬富翁說過「小錢是大錢的祖宗」。生活中不少腰纏萬貫的人，當初就是靠賺不起眼的小錢白手起家的。

在生活中也有不少人面對收入平平的情況，常挑剔生活給他們的安排，抱怨生活不給他們機會，看不到聚沙成塔、日積月累也能擁有大錢。日本明治時代有名的船舶大王河村瑞賢，年輕時好長一段日子無所事事，在家賦閒無聊。後來生活日見拮据，他想：「我不能這樣貧窮下去，應該做出一番事業來。」於是他拿出一些錢給乞丐，叫他們到處去撿拾人家丟掉的生菜，然後賣給貧窮的勞工們。當他開始做這項生意時，不少人譏笑他，諷刺他，甚至有的朋友拒絕與他來往。而河村根本不在乎這些，他拚命的做起來。他認定這些「小錢」是他事業的全部基礎。「等著瞧吧！」不出幾年，河村又投資航運業，成了著名的船舶大王。

其實，點石成金的神話只能是一種夢幻，在這個世界上，不可能人人都賺大錢，更不可能人人都成為億萬富翁。或許，一個人一生都未必能遇到一次賺大錢的機會。但是，如日常生活中賺點小錢的機會，卻是時時處處可以遇見的，就看你是不是想發現它、抓住它、利用它。能靠辛勤工作、慘澹經營、發明創造賺到大錢當然好，但如果你不具備或暫時還不具備賺大錢的條件時，倒不妨先去腳踏實地的賺些小錢，切不可守株待兔，等待天上掉下餡餅來。

前不久，筆者寫作時不慎將鋼筆筆尖損壞，來到一家文具行購買鋼筆筆尖時，旁邊一位打扮得花枝招展的小姐說：「現在誰還經營這樣的小玩意啊！」不得不忍痛將僅缺一個筆尖的鋼筆扔進了垃圾桶。再如，友人在一家生活用品店買縫衣針時，店員頻頻搖著頭說：「這些東西不賺錢，很多店都已經不賣了。」凡此種種，引起民眾生怨和不滿。筆者認為，聰明的生產經營者不應當只熱衷於那些價高利多的高級商品，還應開闢出一塊便民利民、拾遺補缺的市場空間。

報載，一家打火機工廠在市場嚴重疲軟、企業資金十分短缺的情況下，一不等，二不愁，三不盼，而是眼光向外，積極在國際市場尋找「空檔」。經過廣泛深入的調查研究，他們發現東南亞一些國家氣候溼潤，不宜使用火柴。該工廠抓住這一資訊後，及時開發出具有各種型號和顏色迥異的打火機，每個售價只相當於當地居民購買半盒火柴的價格。產品一投入市場，立即受到東南亞一些國家消費者的青睞，第一年就出口三百萬個，第二年又與外商簽訂了四百萬個的貿易合約，該企業由此一舉成為當地外貿出口外匯新秀。

筆者有位朋友，曾經在外闖蕩多年，希望有所成就，但事與願違，始終沒能改變受僱者的地位。後來經人指點，痛下決心回家創業，利用本地的竹材優勢，進行竹筷生產。經過幾年奮鬥，終獲成功，不但自己事業有成，率先致富，還帶動了當地竹業加工，成了上級信任、群眾支持、市場承認的「筷子大王」。令人難以置信的是，這位每星期要發好幾卡車出貨量的「筷子大王」，私底下向筆者透露，他平均每雙筷子的利潤僅僅一毛錢。

一毛錢卻致了富，聽起來似乎是天方夜譚，但一細想其實不奇怪。可謂聚沙成塔，粒米成籮。一毛錢的利潤從單個來看，確實是微不足道，但如果

產量提高了，規模達到了，就會成為可觀的財富。

抓住瞬間商機賺大錢

2000 年 11 月 7 日，美國舉行的第 54 屆總統選舉，候選人布希與高爾得票數十分接近，由於佛羅里達州計票程序引起雙方爭議，結果新總統遲遲不能產生。對此，原擬發行千禧年新總統紀念幣的美國諾博 - 裴洛特公司，面對總統難產的政治危機，靈機一動，化危機為商機，利用早已準備好的高爾和布希的雕版像，搶先推出「總統難產紀念銀幣」，全球限量發行四千枚。銀幣為純銀鑄造，直徑 3 吋半，不分正反面，一面是小布希肖像，一面是高爾肖像，每枚訂購價 79 美元。結果，短短幾天工夫，紀念銀幣很快被訂購一空，該公司利用總統難產危機，狠賺了一筆。

這家鑄造公司原本是想鑄新總統紀念幣，其實，這也不失為一筆好生意，但選舉結果風雲突變，美國新總統難產，一時之間成為世界關注的熱門焦點，這也是美國兩百多年來歷史上罕見的情況。該公司嗅出了這危機中的瞬間商機，果斷推出總統「難產」紀念幣而大獲成功。請仔細想一想，正常的總統紀念幣哪裡有這百年不遇的總統難產紀念幣來得珍貴？效益更大？我們從中不難看出，瞬間商機裡蘊含著不同尋常的、獨特的社會效益和經濟效益。

1998 年 3 月，一家手錶工廠生產出了「鐵達尼」手錶。手錶錶盤的畫面，正是影片《鐵達尼號》中一對情侶遙望遠方的精采鏡頭。當時，這部花費了 2 億多美元敘述愛情故事、票房價值頗豐的超級強片，在全球都掀起一陣話題。

上述兩個事例都說明：利用社會焦點，抓住瞬間商機，往往能把生意做成「獨門特色」，因而能賺大錢。這種瞬間商機，誰意識到並抓住了，這塊市場就占牢了，因為，持續時間極短，等別人想跟風時，早已時過境遷了。

「熱門焦點」，即引起社會廣泛關注的問題或現象。它既具有知名度大的特點，同時又具有社會性的特點。「熱門焦點」由於是社會共有的，任何人、任何組織都有運用的權利與可能；但如果尾隨人後，則了無新意，效益也必然不佳；只有捷足先登，趕在他人之前運用「熱門焦點」，巧妙企劃，才能產生極佳的效益。

對市場進行可行性分析

今天的市場到處都存在這樣的矛盾：一方面大量商品積壓滯銷，另一方面人們需要的又得不到滿足。一方面感到生意難做，另一方面又有很多生意沒人去做。這種矛盾的市場現象，本身就充滿了商機。當然，要抓住這些商機，需要經營者做出「創造性」行動，這些行動可使用「市場區隔」的方法去進行。

什麼叫「市場區隔」？通俗的說，就是按照消費者在市場需求、購買動機、購買行為和購買能力方面的差異，將他們劃分為不同的消費者客群，然後分別選擇合適的產品或合適的服務方式，去滿足他們各自的需求。

在市場上，由於受到許多因素影響，不同的消費者通常有不同的欲望和需求，因而不同的消費者有不同的購買習慣和購買行為。事實上，任何一個市場，只要有兩個以上的購買者，就會有消費需求的差異。市場區隔的目的是經營者透過對消費者需求差別的分析，可以更清楚、更細膩的認知到某一具體市場中消費者的需求，從而在大市場中尋找到最有利的細分市場，抓住良機，見縫插針，拾遺補缺，變整體劣勢為局部優勢，使經營者在激烈的市

場夾縫中，尋找到自己的「賣點」。

採用市場區隔的方法來做行銷，會產生怎樣的效果？僅舉一個實例。

春節前，為爭奪消費者，所有的店家都各施招法，你送禮，他打折，很是熱鬧，但老調重彈居多，有創意的少，搔不到消費者的癢處，所以銷售業績並不理想。某家百貨一不打折，二不送禮，卻推出了一項「購家電，送到家」的促銷舉措。即：凡在春節前於百貨公司購買電視、冰箱等大型家電的當地顧客，商店負責把貨品免費送到家。結果，百貨的家電生意大好。購買家電的，大多是外地來的上班族。這家百貨的這次促銷活動，成功關鍵是沒有泛泛的面對所有能買家電的消費者，而是只抓住其中的很少一部分 —— 上班族。經過研究，他們發現這些人有著共同的特徵：

（一）非當地常住人口（都是上班或因公因私來到當地辦事者）。

（二）家住在其他地區，能買到的家電品種不全、價格貴，品質也不太可靠。

（三）都有在當地購買家電的願望，又都有不易帶回家的顧慮（因為本來行李就多，再帶個大型家電上下車，根本不可能）。

（四）買家電的時間大都在春節之前（因在市區工作賺了錢，要買一件像樣的東西帶給家人一個意外驚喜）。

正因為針對了這一消費族群的特殊需求，並如雪中送炭般的滿足了這部分消費者的需求，這家百貨公司創造了爭取外地上班族這一局部的強勢市場，獲得了同行未能達到的銷售業績。此案例說明了只要把注意力集中到別人不容易區隔的市場部分，再弱小的企業也能創造出局部市場的強勢。

因此，有人把市場區隔喻之為「金鎖鏈」，抓住其中的一個「連結點」就能帶來財氣。

那麼，怎樣才能區隔市場呢？可以從商品區隔、時間區隔、空間區隔三方面著手，下面分別來說。

商品區隔

首先，商品功能需求的細分。就是尋找消費者在同一功能上更細微的需求差異點，見微而知著，把握商機。比如摩托車，剛出現時只有一種規格，但隨著時間的推移，消費者在使用中就出現了差異性的需求，生產廠商透過細分，分別予以滿足，就創造出新的市場商機：根據消費者的差異性，生產出排氣量規格不同的摩托車；根據視覺審美觀的差異性，出現了不同顏色的車身；根據行業的特殊需求，開發生產出了競賽用車、日用型機車和載貨用機車。商品功能需求的細分，如若打開思路，就會找到許多切入點。總之，隨著消費者的需求越來越豐富多樣，商品必須在同一功能的前提下，尋求更細微的差異性，從而讓每一差異點鎖定某一特定消費客群，形成對他們的強盛銷售旺勢。

其次，消費族群的區隔。要尋求深度發展，把握層次性，靈活運用市場細分的多種變數組合，層層剝離自己無力把握的消費族群，最後捕捉住核心消費客群。一家超市就是透過層層剝離消費客群，透過市場區隔最後進行準確的行銷定位。在地域上選中郊區的居民社區，避開與熱鬧市區大型購物中心的競爭，為廣大社區居民服務：在商品類別上，以居民日常易耗副食品和生活日用品為主，忍痛割捨大型耐用消費品如高檔家電等；在顧客選購方式上，採用自助式入場選購，自由挑選，無拘無束，把購物跟遊玩放鬆結合起來，一改傳統的「你點我拿」的選購方式；在策略聯盟上，用連鎖店的形式，把眾多商家「圈」在一起，統一進貨管道，統一管理模式，統一價格漲落，

統一服務標準。正因為超市經過層層剝離，捕捉到自己的核心消費客群，終於創造了銷售神話，把同業的龍頭老大甩到身後。

再次，消費者購買過程滿意度需求的區隔。要找出同一消費族群中的不同購買障礙，想方設法去消除這種障礙。購買過程的障礙表現為兩方面，一是對商品本身價格、品質、商譽的疑慮;二是購買過程中產生的因資金不足、運輸不便、安裝困難等服務方面的障礙。比如在擬購買房子的消費障礙中，可細分出嫌價格高這一特殊群體。嫌房子價高，是其共同特徵，但其中又可分為兩個子市場：其一是收入低，囊中羞澀者的市場。對這一障礙，相應的行銷措施可以採用貸款購房、分期償還的辦法。其二是認為物非所值的障礙。他們認為這房子不值得花那麼多錢，按現價購買有吃虧的感覺。要消除這一消費障礙，商家就要千方百計讓他們感到占了便宜才行。於是，購房送管理服務就成了最佳的行銷選擇。行家們認為，有時銷售方式比商品品質更為重要，研究顧客購物的心理障礙並將其細分，以優勢的銷售服務來消除這種障礙，才能「套牢」顧客的購買欲望，做成生意。

時間區隔

現代社會講求「時間就是金錢」，實際上指的是機會時間，並非各個時段都有鑽石般的效益，於是就出現了觀球分賽季、旅遊黃金週、大片選強檔、愛情有蜜月。商機也就由此應運而生。區隔經營時間可使效益倍增。例如，日本東京某地鐵站附近酒吧餐廳林立，豪華氣派各有千秋，又各具特色。其中有一家「金冠亭」麵食館卻顯得格外寒酸而毫無特色。店內沒有裝修，黑黑的牆面，黑黑的地面，幾張黑黑的桌子上配上舊竹椅、舊板凳，完全是鄉下人的擺設。吃的是手擀麵，又粗又硬，裝在竹碟子裡，有時被卡住了根本就夾不出來。一切都糟糕透了，讓同行瞧不起。也許正是因為羞於見人，這家餐廳白天從不開門，只有當夜幕降臨之後才敢開門營業。沒想到，生意卻十分興隆，客人往來不斷，每晚每張餐桌的顧客至少翻桌六次，每月的營業額都在 400 萬日幣以上，令同行又好氣又好笑。仔細分析，這家餐廳生意好的奧祕在於用「鄉下風格」迎合了現代大都市人回歸自然、返璞歸真的心理，更重要的是與眾不同的營業時間。那是老闆詳細分析了晚上的市場需求，他發現晚下班的職員、晚上收店的老闆、過夜生活玩累了玩餓了的人們，往往會去尋找一個自然樸素之處「放鬆」一下，於是才做出這樣的決策。有一家高級百貨則是採用了陳列時間差的策略，使白天與晚上櫃檯、貨架上的商品完全不同。這是百貨公司做了長期調查才制定的策略，因為他們發現白天80%的顧客多半是家庭主婦，男性顧客多半是隨女性顧客而來。而下午五點半以後，則以年輕未婚的女性為主。所以百貨公司白天陳列居家過日子的各種物品，吃、穿、玩、用，一應俱全。下午五點半以後，則換上充滿青春氣息的時髦商品，來滿足年輕的上班族女性和女學生的需求，結果使店內的營業額直線上升，創造了前所未有的紀錄。三年後，這家高級百貨的一百多家分店遍布全日本。還有一種「精細」時間的方法就是讓它加速。我曾經幫一家餐廳用這種方法解決了經營難題。這家店開張時生意很清淡，我仔細調查診斷後，發現問題出在迎客緩、上菜慢、結帳晚的「慢」字上，於是從「快」入手設計了一套服務管理流程：即顧客一進門，服務生要在一分鐘內迎客帶位，入座後要在三分鐘內上茶水上菜單，點完菜後要在五分鐘內送畢餐點；餐後買單要在七分鐘內結算清楚。結果生意好轉，真正讓餐廳「快」起來。

空間區隔

眼下，我們的企業在商品銷售中開始注意尋找賣點，但是產品光有好的賣點還不夠，更重要的是，須進一步營造一個能夠讓顧客充分感受到你的賣點的購買氛圍。這就必須要有「精緻化」的工夫。日本西武集團曾提出，將其百貨公司變成「小得恰到好處的大世界」的新空間。為此，將樓內煥然一新:走進百貨公司內，大廳中間有一條寬敞的通道，兩旁擺放著翠綠的植物，櫃檯之間有草坪、噴泉、木椅，宛如一個小型公園。樓內還新設了兒童遊樂場，電影廳，藝廊，美食街等，人們在這個「小得恰到好處的大世界」裡，可以「感受」到多方面的生活情趣。結果，雖然改建後的百貨公司經營面積有所減少，但銷售額卻成長了一倍。

同樣的原理，小李曾成功的運用到一次新產品的推廣上。有一家電器廠，開發出一種多功能電子消毒器產品，儘管已向各大醫院、百貨公司、養雞場等試銷多時，但一直沒有打開銷路。小李發現，廠商這種「大小通吃」的市場定位，只能是無所不能，也就無一能。兩個月後，小李在外地出差時終於發現一個「需求賣點」:當地電臺廣播、衛生單位告誡市民，警惕一種傳染病有蔓延的趨勢，請注意防病消毒！小李馬上向那家電器廠廠長打電話，叫他速帶一車各類電子消毒器過來，廠長連夜兼程及時趕到，小李又聯絡當地的衛生單位，聯合召開「新型電子消毒器現場展示會」，邀請各醫院、防疫站、海關等部門負責人前來參加。展示會前，小李考慮到這些來賓，自己無須在技術、功能上做過多的講解，關鍵是如何讓他們真實「感受」到消毒器的效果。於是，小李讓廠商按他的企劃布置現場：在會場外的廁所裡安放消毒器後，貼上「放心如廁，已無臭味汙染」；在簽到處擺上一部櫃檯式消毒器，讓來賓放置包包，再取出消毒過的會議資料，告知「已無病菌傳染」；並在會場內牆上掛上四個消毒器，明示：「空氣已完成清淨消毒」。最後，會議結束時，全部樣品當場一搶而空。最近，小李又為一家新開業的書店設計了這樣的賣場：一改目前許多書店顧客擁擠不堪和顧客久立疲憊的狀況，在書店的開架書櫃旁放上一些茶几靠椅，讓顧客坐下來慢慢挑選細讀，同時還可以點茶點咖啡及各種飲料，茶和咖啡皆低於市場價收費；書店旁又專設一間陪客室，讓隨顧客而來的親朋好友，也有個聊天閒談的好去處，每個座位只收茶水費;如果碰到中午和晚上吃飯時間，還特別供應簡餐套餐，飯菜簡單、衛生、便宜，這樣一來，使前來購書的人們能夠靜下心來，既無口渴之燥，又無肚餓之飢，輕輕鬆鬆買書。商家也因此賺到「三錢」：書錢、飲料錢和餐點錢。

生財不可不投機

有人慨嘆：市場越來越小了。其實從另一方面來說，是我們的眼界越來越狹窄了。假如我們有一雙善於發現的眼，假如我們有一個善於思考的大腦，那麼金點子會紛至沓來。

做生意就跟寫文章一樣，是沒有文法和規律的。做生意永遠是富有變化的，你只有把握那些經商的要領，才會做得更好。

「機巧」就是要長著心眼經商，以不變應萬變，以「變」去鋪設新的財路。

盯住生活中的商機

這種例子很多，可稱為遍地都是，俯首可拾。

小嚴做食品批發，他見什麼賺錢就做什麼。他是一個十足的足球迷，每場在當地舉行的職業比賽他都會去看。他見球迷激動時揮舞手臂在空中亂舞，覺得他們手中應該有個什麼東西，他見一小孩從過道上經過，掉下一支

三角旗，幾個年輕人一起去搶，他覺得這裡面有一種商業市場。小嚴就立即趕回家，用家裡的材料做了十幾面三角彩旗，拿到體育場，5 毛錢一面，果然好賣。第二次他就做了幾百面小三角彩旗，這些小三角彩旗在開賽前全部賣完，這一下子賺了 200 多元。可謂是生意也做了，球也看了。

這小三角彩旗製作太簡單，材料更簡單，就是竹棍、彩色紙、膠水、彩色筆，這個生意很簡單，許多人也做起小紙彩旗來賣。小嚴馬上轉換，不做紙三角旗了，他開始做像小報面積大小的彩旗，這種彩旗不是紙的，而是綢面。在上面寫些口號，每一綢面彩旗賣 5 元。僅這一項，他就在一個賽季裡賺了 5000 多元。後來其他人又跟著來學，但熱潮已過，小嚴已對此項業務洗手不做了。他說再做，即使你把品質做得再好，也只會虧損。現在他又將眼睛睜得大大的，去捕捉新的商機。

善於發現，就會帶來財運

小錢曾經任職於某百貨公司。一天，當他巡視樓層時，見到一位年輕人，因穿著毛料衣服蓋了一晚的棉絮，起來時，他的全身沾滿了棉花，很難清除。這時，一個店員正用一種滾筒式清潔器幫他清理，滾筒到達之處，衣服頓時就變得乾淨如新。這本來是一件十分普通的事，在很多人眼裡，也許並無什麼特別之處。但小錢眼睛一亮，馬上意識到這是一種方便實用的東西，一定有開發的市場，大有前途。於是，他便打聽好了價格、廠商，利用工作之餘，帶上這種產品去各大公司推銷。幾天下來，果然收穫不少，訂貨達幾千個之多。在這種情況下，小錢毅然辭去了百貨公司的工作，專門做起這種產品的生意來。當時，這種產品的利潤相當可觀，每個 50 幾塊錢。經過一年的摸爬滾打，如今，小錢已存下了近 50 萬元的資金，且正準備擴大經營範圍。

不要把做生意理解為是簡單的買賣，它裡面包含著很多東西。這其中，有一雙善於發現的眼睛是十分重要的。從某種意義上講，具備了一雙慧眼，無異於擁有了財富。

1998 年元月，一家玩具公司敏銳的感覺到，廣大球迷對足球有著瘋狂的痴迷，各式各樣的絨毛足球必將熱銷，舉世矚目的「世界盃」足球賽對公司來說顯然是一次良機。他們立即安排設計、生產，很快拿出了樣品，廣泛與外商接觸。法國商人亨利專程前往物色世界盃足球賽進場觀眾的特別版玩具。在看到樣品後，同意簽約購買該公司印有「世界盃」標誌的各種規格絨毛足球四萬打，價值新臺幣 500 萬元，預付 150 萬元訂金。

多思考，就能找到點子

敏銳的眼光並不是天生就有的，是平日裡注意觀察、勤於學習、不斷思索的結果。商機總是青睞那些勤奮的人，青睞那些時刻在觀察在思考的人。

曉華是從事服裝批發的。他深知發現商機的重要性：會發現商機，就等於是發現了金子；如果你發現得很早，或者你是這次商機的第一發現者，那就等於是你發現了一座金山，任你用口袋裝或車子拉金子；如果你是趕在這次商機的後面，那不叫發現，那叫跟風，這就要看運氣了，跟得不好可能會賠很多本進去。

曉華說，在市場裡做服裝生意的，對於商機的發現多數是跟風的做法，這個做法要判斷準確，不然就會虧得一塌糊塗。他是每半月去一次幾個大城市，去的目的一是生意上的事，另外就是去捕捉商機，看看城市街頭又出現了什麼新服裝、新花樣，一旦發現就用相機把它照下來，然後就問穿此服裝

的人，此件衣服是在何處買的。打聽到消息後，就去那間店詢問該服裝出自哪個廠商，然後就把貨帶回市場。

一種服裝新款式流行的時間都不會很長，最長的不過一個月，一般在十天左右。現在的人跟風快，一旦發現此款式熱銷，就會想方設法弄到貨，如果拿貨有難度，就馬上把樣品買去，照原樣進行生產。商機是很重要的，有時是僅相差一天，其價格的差價是其成本的兩倍多。

在街頭小巷，經常會看到用一臺攤車，擺上幾個碗，賣著「刨冰」、「豆花」的。這些夏令小吃很受食客們青睞，幾塊錢一碗，既能解渴又能飽一下肚。「刨冰」、「豆花」這些年來，其價格都是一成不變的，你要是賣貴，那肯定不會有顧客回應的。

有個王阿姨，人雖六十幾歲，但心卻不老。她就想，「豆花」為什麼不能賣貴一些，電視裡、報紙上不是經常在說要給產品增加附加價值嗎？王阿姨唸過大學，當然就知道附加價值指的是什麼，於是，她就幫「豆花」增加附加價值了。先放了酒糟、菊花晶、山楂、果乾、蜜棗進去，然後就拿到市場上去賣，價格當然不可能還是幾塊錢了，而是可以賣更貴一些。王阿姨的豆花成功了，其賣量是以前的一倍多。七、八天後，就有人學著王阿姨一樣的賣了。

阿福以前是公務員，六、七年前就退休了。他是學管理的，就到一家家具工廠兼差，做的也是管理工作。他向老闆建議，說現在的家具市場對新款式的開發比較遲緩，基本上是五年左右才一次，在這種境況下，家具生產廠商靠什麼立足市場？靠品牌、靠品質、靠信譽；靠什麼來賺取利潤？靠降低成本。廠裡的成本已經降到最低限度，如再降，又和品質、信譽發生矛盾。在市場上除名牌可以賣得起高價格外，其他產品都屬於烏合之眾。家具廠要壯大、要發展，在投入量有限的情況下，有一個辦法，也是唯一的辦法，那就是更換產品款式。

阿福經常從電視中去搜尋家具產品的款式，這些款式又與雜誌上那些只能供人觀賞的款式不同，它是生活中的。老闆看過之後直搖頭，說萬一沒市場那不白投入了。

阿福決定自己做。他用父母的房屋做了抵押，貸了 150 萬元，又在親戚朋友那裡，採取入股的方式，共募集了 500 萬元資金。接著他租了一間閒置廠房，招來一些他以前認識的工人，就開始生產。產品出來後，效果很好，價格也讓人買得起，客戶也滿意。家具廠商的反應比起服裝、飲食業不知遲鈍到哪裡去了，所以開始的第一年裡，你慢慢做自己的，那些要跟風的人還在睡大覺。筆者曾到阿福的家具廠去採訪過，那些款式並不矯揉造作，但又能展現出現代氣息。我問他：你當時怎麼能夠判斷出這種款式的家具有市場呢？

他說現在的家具比較偏向歐美的樣式，其借鑑、移植的基礎也都是建立在歐美款式上。現在雖有些專門的家具雜誌，上面款式很多，但有個問題，那些家具太高檔，與一般大眾相距甚遠。還有個問題是，你發現了一種比較好的家具款式，但你很難透過想像把此家具移植到人們的房間裡去，要看適不適合大眾的審美需求，透過看電視就可以避免了，家具就擺在房屋裡，適不適合你完全感覺得到，如果適合，你馬上用鉛筆把大概輪廓勾下來，色彩標上。

商機就在你的左邊、右邊，就在你的前面、後面。當然不是伸手一抓就能得到，你抓得不好，甚至有可能連家底都賠進去。

你必須開啟你的思維雷達，這種開啟不是短暫的，而是經常性的。你還

得加強學習，多看一些攝影、美術與行業相關的雜誌，以培養自己的市場感覺、審美情趣。你還得分析一下上市新款式為什麼流行，有的新款為什麼流行不起來，不是分析一次，要反覆分析，找出原因。

不要一條路跑到底

古代有這樣一個故事：一年冬天，北方出奇的冷。所以，取暖用的木炭因供不應求而價格猛漲。北方商人紛紛到南方收購木炭，準備囤積之後高價賣出。

有兩位商人結伴而行，因為在路上染病耽誤了行程，到達南方時，木炭已經被收購一空。第一位商人斷定這次生意已經失去了商機，甘認倒楣。因此，無心停留，立即匆匆趕回了北方。第二位商人並沒有驚慌，他經過了一番仔細的考察之後，用他所有的積蓄收購了南方的所有竹筐，保存起來。其他商人以為他是急瘋了，都笑話他，但他並不在意。等到其他商人準備把木炭運回北方時，發現已經買不到用來裝運木炭的竹筐了，才恍然大悟，不得不花高於以前幾倍的價錢到那位商人那裡去「搶購」那些本不值錢的竹筐。那位商人也因此發了一筆大財。先前離去的那位商人得知後，後悔不已。

由此可見，許多商機就隱藏在市場行情的變化當中，靜靜等待我們去利用。精明的商人不會只把目光局限在行情的起伏上，他們會透過研究和考察挖掘出「角落商機」。「歐元錢包」事件也正是如此。

2002 年 1 月 1 日，歐元正式啟用、流通。各媒體炒新聞之際，許多人不以為然的說：「歐元是歐洲人的事，離我們遠著呢，那麼關心有什麼用？」然而，早有目光敏銳的商人將歐元啟用化為自己的商機，狠賺了一把令同行為之扼腕慨嘆的「歐元錢」。

一家離歐洲很遠的企業。早在兩年前，該企業捕捉到一則商業訊息 —— 十幾個歐洲國家正在流通的貨幣尺寸，將小於統一後的歐元主幣。得到這則看上去與自己沒有太大關係的消息，該企業卻如獲至寶，立即敏銳的意識到：歐洲市場原有的錢包必將被淘汰。同時他們還得知，歐盟各國的皮件生產企業正在加班趕工設計、生產適用於歐元的專用錢包，但苦於「麵包太大，一口吃不下」。另外，歐洲的本地產錢包成本很高，生產的產品遠遠滿足不了當地市場的需求。於是該企業立即把握時間，開發生產了四十多款，共兩百三十萬個歐元專用錢包。並在歐元正式啟用前，迅速投放歐洲市場，一舉成功。兩百三十萬個錢包轉眼間就被搶購一空，而且大批的訂單隨著這次成功源源而來，該企業的生產任務不斷增加，已經滿滿的排到年底。

國際市場細節性的資訊變化，對於企業來說都是很好的商情。同樣條件下，誰先抓住商情，誰就能得到先機。可往往很多時候，我們都會因為這樣那樣的原因而失去先機。失去先機並不可怕，先機過後還會有商機，只有舉一反三，細心研究，才有可能不會一再失去這些寶貴的商機。

「歐元錢包」事件過後，許多企業猛醒。他們「觸類旁通」，開發出一大批「角落商機」。他們針對歐洲各國大力宣傳歐元的市場行情，在商品設計上引入歐元圖示，設計推出了各種款式的印有歐元圖示的旅遊禮品、禮品盒等，也受到歐洲市場的歡迎。這些生產企業能夠抓住這些商機，可見他們對商情研究很充分，抓住了「角落商機」。亡羊補牢，為時未晚。

外貿領域新變化也是如此。一方面，我們要重視研究商情，研究國際市場的流行趨勢；另一方面，我們要研究很少有人注意的「角落商機」。因為國際市場變幻莫測，產品時效性特別強，獨樹一幟的熱銷產品，多半需要結合宏觀市場變化，在這無窮無盡的變化當中，有無數的「角落商機」等待著你

去開發、去利用。

目光不用太遠，機會也許就在你身邊

時下，不少企業正為產品創新、市場銷售和經濟效益動腦筋，想辦法，有的甚至一籌莫展。由此，筆者聯想到相關媒體上的三則報導，不知能否對企業經營者有所啟迪：

美國一家公司董事長布萊克在一次散步時，看到幾個小孩對一隻昆蟲玩得很感興趣，便來了靈感：現在玩具商們都在「美」上頭做文章，我何不生產一種與傳統玩具背道而馳的「醜陋玩具」呢？於是他立即安排人力物力，研製出了一套「醜陋玩具」。推向市場後備受歡迎，利潤也十分豐厚。

也是在美國，有個叫傑伊的房地產商人，一天到咖啡館喝牛奶，服務生送來一杯冒著熱氣的牛奶，他嫌燙手就用餐巾包著玻璃杯喝。誰知不慎碰倒了牛奶杯，把手和腿燙傷了，令他十分惱火。繼而他卻產生了靈感：是否能生產一種隔熱咖啡杯和牛奶杯呢？於是他拋開房地產生意，很快用紙板設計出一種「隔熱罩」，上市後銷路很好，月平均銷售達到四百五十萬個以上。

從上述例子可以看出，商機在靈感中產生，而靈感又來自於生活實踐。那麼，作為企業經營者來講，只要時時處處做「有心人」，善於在平凡的生活實踐中發現新奇之處，積極思考，勇於探索，你辛苦尋覓而又往往很難抓住的市場機會，則很可能「得來全不費工夫」，從而實現產品創新、市場擴展、累積增加的目標。

邊做邊看，水漲才能船高

曉華快人快語，精明過人，說起話來，兩眼閃動著商人特有的睿智之光。據曉華說，他 17 歲就開始做裝潢。那時裝潢業在當地剛剛開始流行，他做了兩年助手，半工半讀，看準時機，湊了100萬元資金，到城市獨自開了一家裝潢公司。為啥要在城市開公司？因為那時城市裡的室內裝潢業剛剛起步。因此，他的業務應接不暇，讓他著著實實賺了一大筆。兩年後，裝潢業發展呈現競爭之勢，曉華就知難而退，瞄準了下一個裝潢業剛剛起步的新城市，如今來到這裡開公司，已是他到過的第四座城市了。公司的資產從當初的100萬元，發展到2,000多萬元。他說不久將去下一個城市發展。

曉華說，他做生意的思路就是在掌握較成熟的裝潢設計技術、管理經驗的基礎上，不斷尋求裝潢市場潛力大、剛剛興起裝潢熱潮的城市，然後到那裡設立公司，占領這塊未曾開墾的「處女地」。

曉華的成功，不是偶然的，其中蘊含著深刻的經濟學原理。就是抓住時間差、空間差，捕捉流動商機。

明白了這個道理，我們就不難發現，何止是室內裝潢，凡是新的消費時尚，也可以說各行各業，都有這種流動的商機。

流動商機，具有明顯優勢

一是競爭對手少。因為你是在開墾一片市場的「處女地」。而且因為你是開風氣之先者，有成熟的技術及管理經驗，競爭對手想效仿需要有一定的時間。例如，1997年，剛畢業的小白在市區發現了一種新興的服務項目：老舊照片修復業。於是他就盤算著開一家這樣的修復店。所謂老舊照片修復，就是採用先進的數位攝影技術，將老照片的影像轉換成數位格式存在電腦裡，再利用電腦對變色、受損的部分進行修復，讓受損的地方恢復原貌。這項技術在1997年前後在一些大城市裡很受歡迎。而所需要的技術，對小白這樣的電腦科系畢業的學生來說更是小菜一碟，關鍵的問題是把店開設在什麼地

方。當時很多大城市裡捷足先登者已很多，這塊大蛋糕已幾乎被分割得所剩無幾了。於是小白決定在一個小城市開設當地的第一家老舊照片修復店。果然不出所料，小店一開張，生意就好得讓人眼紅。一年後跟風的人上來了，又陸續有幾家照片修復店開業，但他們的技術和信譽都沒有小白的好，小白的店在這裡一直是龍頭老大。兩年後，競爭對手越來越多，小白果斷轉手設備，另謀其他項目，而這時，他已賺了為數可觀的一大筆錢了。

二是範圍廣，適用性強。無論什麼行業，什麼樣的區域，只要有市場差別，就有這種流動的商機存在。特別是一些新時尚的玩意，這風總是由南到北，由東向西，由城市至鄉村地刮。精明的商家看準了，抓個時間差就可賺一筆。比如在山區的一小鎮的長途客運站附近開雜貨店的小張，就在客運站上發現了一個商機：總有人託去外縣市的人幫忙買樂透，開始時人少，後經媒體宣傳，託人帶回樂透的人越來越多。於是他萌生了開一家樂透投注站的想法。經與相關部門聯絡，他的投注站終於在這個有兩萬多人的小鎮上開業了。一開始，來買的人不是很多，後來有人中了一注大獎，一下子把小鎮轟動了，而他的投注站生意也好得沒話說，讓小張夫妻倆樂得整天合不攏嘴。

如何捕捉流動的商機

(一) 不能太早也不能太晚。太早，當地消費者對其沒有認識，自然不會買帳，這是條件不成熟;太晚，已有很多人發展這一項目了，競爭必然激烈，提高了賺錢的難度。這就好比香瓜，太早沒熟，不好吃;熟過頭了，瓜要爛，同樣吃不得，只有瓜熟蒂落時才最適宜。比如阿剛，剛到都市打拚時，看到鮮花店裡賣鮮花賣得很快，而且還提供結婚花車，很賺錢。於是回到老家的小鎮也開了一家花店，由於當時家鄉人對鮮花這種新事物還不夠認識，還沒有形成互送鮮花、過生日探望病人送花等消費習慣，因此生意很清淡，不到一年就關門了。可第三年，這座小鎮又有人開鮮花店了，而且生意就好得不得了。原因是，受到這幾年大城市送鮮花習慣的影響，這座小鎮的人在社交活動中對送鮮花有了新的認知，所以這鮮花店開得正當其時。

（二）要有完備的促銷方案。這些流動的商機，畢竟都是新事物，因此，必須要針對當地人的消費特點，推展多種促銷活動，才能加速消費者對這新項目的認識。有效的促銷方案可以產生推波助瀾、催熟新消費觀念的作用，使整個經營活動收到事半功倍的效果。

善加利用天時地利

怎麼樣才能使小本經營者獲取收益，在此奉獻給大家一個瀟灑工作法——專做季節生意工作，工作時間更短、報酬率更高、休閒旅遊生活更舒坦：工作一季，享受一年。適合對象為：有錢了就喜歡出外旅遊者、工作之餘常常進修電腦或其他所愛藝術者、打算邊工作邊深造更高學歷者、不想整年工作勞累者、退休有精力或教育程度低的失業者。

方法：一是在繁華熱鬧菜市場附近，租一個 9 坪左右的小店，按季節性順序做適時生意：元旦起至春節前 5 天，專營「貼身錢包」；春節前十五天起至大年初八，專營以姓氏為主的「紅包袋」；4 月 1 日起至清明後十五天內，專營「潤餅」；端午節前十天，專營「端午粽子」；8 月 15 日起至 9 月 10 日、春節後的新學期開學前十天，專營中小學生用的「學習文具」；中秋節前半個月，專營「中秋月餅」；11 月至次年 3 月間，專營臘腸臘肉為主的「臘味」；10 月起至次年 3 月底，開半年火鍋店或燒烤小吃店等等。二是按專營項目的對象，臨時性租用場地幾天或一兩個月，如在大型中小學附近，臨時租店專營「學習文具」。

為什麼不長期專營？因為任何國家、地區的任何經商，絕大多數就是一年 365 天都專營某類型商品，這在旺季大賺，但淡季就少賺，甚至虧損，還要支付租金、水電、稅金、員工薪資福利，以盈補歉的結果是一年下來白辛苦，錢收入不多又沒有什麼休閒時光。而季節性專營某個熱銷項目（商品），利潤數以幾倍、幾十倍，時段性結束後休息、學習、旅遊，等待下一次另一個季節性熱銷項目的到來，或一年中只選擇經營一兩個上述季節性項目，經營一陣子發了大財就休息半年，到國外旅遊見識世界，要多瀟灑就有多瀟灑。

要有摸著石頭過河的膽識和技巧

危機常在，而巧度危機的智慧並不常在。作為一個優秀的企業或企業家，不但要善於應對危機，化險為夷，更要能在危機中尋求商機，趁「危」奪「機」。

古今中外，把危機變成商機的事例亦不在少數。南宋紹興十年七月的一天，杭州城最繁華的街市失火，火勢迅猛蔓延，數以萬計的房屋商鋪置於汪洋火海之中，頃刻之間化為廢墟。有一位裴姓富商，苦心經營了大半生的幾間當鋪和珠寶店，也恰在那個鬧市中。火勢越來越猛，他大半輩子的心血眼看將毀於一旦，但是他並沒有讓夥計和奴僕衝進火海，捨命搶救珠寶財物，而不慌不忙的指揮他們迅速撤離，一副聽天由命的神態，令眾人大惑不解。然後他不動聲色的派人從長江沿岸平價購回大量木材、毛竹、磚瓦、石灰等建築用材。當這些材料像小山一樣堆起來的時候，裴姓商人又歸於沉寂，整天品茶飲酒，逍遙自在，好像失火壓根與他毫無關係。大火燒了數十日之後被撲滅了，但是曾經車水馬龍的杭州，大半個城已是牆倒房塌一片狼藉。沒幾日，朝廷頒旨：重建杭州城，凡經營銷售建築用材者一律免稅。於是杭州城內一時大興土木，建築用材供不應求，價格陡漲。裴姓商人趁機拋售建材，獲利龐大，其數額遠遠大於被火災焚毀的財產。這是一個久遠的特例，然而蘊含其中的經營智慧卻亙古不變。

無獨有偶，美國有位經營肉類食品的老闆，在報紙上看到這麼一則毫不起眼的消息：墨西哥發生了類似瘟疫的流行病。他立即想到，墨西哥瘟疫一旦流行起來，一定會傳到美國來，而與墨西哥相鄰的美國有兩個州是美國肉類食品的主要供應地。如果發生瘟疫，肉類食品的供應必然發生問題，肉價定會飛漲。於是他先派人去墨西哥探得實情後，立即調集大量資金購買大批肉牛和豬隻飼養起來。過了不久，墨西哥的瘟疫果然傳到了美國這兩個州，市場肉價立即飛漲。時機成熟了，他趁機大量售出肉牛和豬隻，淨賺數百萬美元。

稍縱即逝的機會在每個企業和每個人面前是平等的。只有果斷者才能夠迅即抓住。在 1999 年臺灣「921」大地震中，安泰人壽保險公司總經理潘昌大膽決策，1999 年 9 月 23 日，重創臺灣的「921」大地震兩天以後，潘昌在全臺死傷人數尚未確定之際宣布：安泰人壽將不限名額、認領所有地震孤兒直至 20 歲成年，每月發給 1 萬元津貼，繼續升學的兒童一直撫養到大學畢業。在災情一片混沌的慌亂時刻，連政府都不敢做出「認領孤兒」的長期承諾，這家外商企業卻一肩扛下。這是怎樣的魅力和情意。至此之後，在臺灣人的心中，安泰不再只是一家外商保險公司，潘昌也不再只是一位香港企業家，而是像自己親人一樣的企業和企業家。

世界上任何危機都孕育著商機，且危機越重商機越大，這是一個打不破

的商業真理。誰也不希望面對危機、遭遇危機，但災難的降臨是不可避免的。迴避不足取，唯一辦法是像上述諸例中的「智」商者一樣，想辦法度危機、捕商機。只有這樣，企業才能做大做強，達到永續經營。

總有一條路是通往「錢」方的

思路就是財路

只要想辦法，遍地是黃金。圍繞「賺錢」這個核心，進行擴散性思考——去炒股，去當自由撰稿人，去當家教，去幫企業推銷產品，去收集資訊賣錢，去當收藏商，去拍賣舊貨，去做一行手藝等等，有很多不需要依靠企業也不需要很大本錢，又能自己馬上獨立去做的工作。在這些工作中，選擇一項比較感興趣的工作，再進行聚斂性思考，就一定能找到既能勝任，又有錢賺的工作。

假設你現在選中了「收藏」，收藏類又包括很多分支項目，如字畫、郵票、錢幣、門票、商標、酒瓶、報紙等。在這些收藏的分支項目中，你覺得收藏報紙比較簡單，而且你對報紙也情有獨鍾，於是你就可以從四個管道去賺錢：

第一，你可以與全國各地的報友聯絡，將自己收藏的報紙印成目錄，標上價格，向全國各地報友們郵購出售，這種賺錢方法已經有人嘗試，效果很好。

第二，你可以把報紙上的各種知識歸類成一本一本的書，交給出版社，這樣你就有了一筆可觀的稿費。如果你與出版社簽合約願意負責發行，你又可能得到一筆發行費。

第三，你可以把報上的資訊歸類，辦個資訊顧問所。

第四，收集報紙你一定有很多感受，於是你可將這些感受寫成文章向報社投稿，很多報紙都開闢了「收藏」欄目，從寫「集報」的文章，再發展寫通訊、散文等文章，有位集報大王結交國內外報友三千多人，集報種類高達兩萬種，寫稿一千多篇，從集報者翻身成為專業寫稿人。

集報有四種賺錢的管道，你可以選擇其中的一種管道繼續走下去，假設你對自由撰稿很感興趣，又摸出一些寫稿、投稿的經驗，於是，你又有了一條賺錢的路 —— 舉辦「投稿指南」與「自由撰稿講座」短期訓練班。沿著這條路再往前思考，短期訓練班的學生結業後，只是掌握了方法，但實際操作，還離不開老師的輔正，於是面前又出現一條賺錢路 —— 稿件加工。經你加工後的稿件，在報刊上發表後，稿費應該有你的一半。沿著這條路再往前思考 —— 文章發表多了，你可以將你的文章分類，編輯成書，把書推銷出去，就可以得到一筆收入。這時，你可以從寫文章發展到寫書，成為專業作家。沿著「聚斂性思考」的道路走下去，你可以想出很多很多的生財之道。

思路就是財富，每個項目都可以採取「先擴散，後聚斂」的辦法進行思考，如「手藝」這個項目，擴散性思考就有：裝修、理髮、補鞋、家電維修、腳踏車修理、鐘錶修理等，如果你選中了腳踏車修理，然後聚斂性思考：腳踏車修理—賣腳踏車零件—以舊換新—購銷舊腳踏車—賒帳修理—上門修理—腳踏車出租—腳踏車修理知識講座等等。

掌握了「擴散性思考，聚斂性思考」的方法，賺錢的路就有了千萬條，任你選擇，你就可以根據自己的能力，選擇一條最能賺錢的路，也可以同時選擇幾條路並駕齊驅，如家電維修，兼賣家電零件，兼上門安裝家用電器，兼到職業學校去向家電維修班的學生講課。這樣你就可以同時拿四個職業的錢。

尋找財源的技巧

思路只是為你提供賺錢的線索，但是，不一定有了線索，就能賺錢，還應該掌握尋找財源的技巧 —— 六個「尋找」：

尋找「第一」。

供需理論告訴人們，物以稀為貴，要尋找財源，就得尋找別人沒有做過的事，筆者曾在一家書店門前地攤看見一年輕人在出售日食的照片，挑選照片的人圍滿一地攤。經過處理的照片以黑色為底色，用紅色展現了太陽的整個變化過程。一位剛買了一套日全食照片的老人說：「這種照片有收藏價值，畢竟日全食十分罕見。」據賣者介紹，平時，他也能賣幾十張。這項賺錢的點子，何等獨特，而且不會有人與他競爭。

尋找新奇。

有個瞎子，在家無事做，每天練嗓音，結果他可以將喉嚨的聲音吞進胸腔發出來，雖然聲音模糊，但很新奇，引來很多人觀看，與他的胸腔對話，當然這種對話是要收費的。有一位老闆，要建一個「神祕商城」，高薪把他請去，他還不去。由此可見，創造新奇可以賺錢。有個失業年輕人，在自製的圓桶壁上騎腳踏車練習飛車，經過一段時間的艱苦訓練，終於成功學會了「飛車走壁」，然後，周遊各地賣藝，每月所得報酬，是他以前在公司上班時的五倍。

尋找自我。

有個人失業後失去了經濟來源，年齡已 48 歲，兒子又不在身邊工作。如何自下而上呢？他一無技術，二不會做生意。找工作，年紀又大了，幫別人工作，身體又差，左右為難，突然報紙上一篇有關「資本營運」的報導，使他受到啟發，於是，他把自己在市區居住的兩房一廳住房，託仲介租給當地一家公司，每月租金10,000元，然後又用5,000元在較偏僻的地方租了個一房一廳自己居住。每月坐在家裡，他淨得5,000元的租金。還有位失業者，他有很多朋友，容易租到很便宜的店面，由於不會經營，虧損累累，於是他當起了租店面的「二房東」。他透過朋友關係低價租下店面，然後再高價租給別人，每個店面可以賺2,000元的差價，這樣，他整天坐在家裡，每月也可以得到上萬元的額外收入。發現自我很重要，當你找不到事做的時候，你可以想一想，自己有沒有資產可以變成錢，這種資產包括自己的能力、家具、房屋、存款、社會關係等，這些都是可以變成錢的物資或非物資。

尋找缺口。

只要善於觀察和思考，任何「人滿為患」的行業都存在著缺口。在仲介所裡有很多等待工作的「保姆」，然而，有位癱瘓老人的兒子跑遍所有仲介所，都沒找到一個願意護理老人的保姆，最後是鄰居一位失業女子，毛遂自薦月薪50,000元。這位女子將兩位老人集中在一間房子裡，同時進行照顧，除了兩位老人的吃喝拉睡洗外，同時還與兩位老人聊天，放音樂、電視，這樣既解決了老人找保姆難的問題，又解決了女子就業難的問題，而且收入也高，如果她辦一個小型的癱瘓老人安養院，也是有市場的，因為當今社會子女都忙於工作，老人一癱瘓，必須請看護，然而，社會又缺少這樣的看護。還有位裝卸公司的失業者，在家教供大於求的當地，突然發現了家教市場的一個缺口：從事家教的老師都是兼職，沒有一個專職，而且計算家教費是依照輔導時間長短，不是根據效果的好壞。於是，他決定填補「專職家教」這個缺口，白天，他專心研究各種專業書籍，晚上和休假日，他就去輔導學生，而且還與每個學生的家長簽訂一份學生經他輔導後必須達到的成績指標，如果達不到指標，他不收分文。他對筆者講，現在他同時輔導的有十名

學生，每個學生每月收費 6,000 元，而且找他輔導的學生還不少。

尋找機會。

生活中有很多賺錢的機會。有的碰到一次機會所賺到的錢，相當於你在公司做一輩子的薪資總額。當然，機會屬於有準備的頭腦。一家棉紡廠有個員工，失業後，到城市謀職沒有成功，回家時，在車上聽人說，很多人都想到某地讀書，因為當地商業氣息太濃，學生一上課，手機使學生不能靜下來讀書。他把車上聽到的這一情況找某地的一所大學校長談了。學校經研究決定，辦一個五十人的經濟管理成人班，兩年由他全權代理招生。他招一個學生，收費用 50,000 元，交給學校 40,000 元，他得 10,000 元，就這一筆生意，他賺了 50 萬元。第二年，他發現股市行情看漲，接著用 50 萬元炒股，僅一年的時間，50 萬元變成了 100 萬元。

尋找資訊。

當今社會資訊就是金錢。筆者有位朋友是新聞系出身，找到一家雜誌社任編輯。因雜誌刊登了一篇有問題的文章，造成雜誌停刊，他也失業了。他失業後沒有再去找工作就業，而是找親友借款幾萬元，購買了整套電腦，每天坐在自家電腦前工作十幾小時，收集來自世界各地的資訊，對有價值的資訊進行編譯、改寫，然後寄給全國各地報刊，僅一個月時間就發表文章八十多篇，他說他兩個月就可以收回全套設備的投資 60,000 元。人們把資訊產業稱為第四產業，它是投入極少，又產出極大的產業。一則微量元素快速養豬資訊，使一個失業者到鄉下號召農夫養豬，一年獲得 50 萬元的報酬；一則「因缺電，山區人看不到電視」的資訊，使一名從柴油機廠失業的採購員，帶了一批專供發電的小型柴油機到山區銷售，成為千萬富翁。

任何企業都避免不了資訊的衝擊，任何職位都避免不了淘汰的競爭。要鑄造你手中的鐵飯碗，就應該去培養自己賺錢的本事。只要動腦筋，沒有職位也能賺大錢！

機會來了，實做更要加巧做

生意助攻

做生意有賺也有賠，大家都知道，但明明是看得準賺錢的買賣，有時卻賠得一塌糊塗。

一天下午快下班的時候，和小王一起上健身課的蓮子突然興致勃勃的來找他，說有一個朋友託她訂製１～５萬個藤筐，花色品種都有圖案，價格和款式都註明在圖案的下面，如果他們公司能承接這一宗生意，她就立即帶他們與對方見面。

小王想這是一宗大生意，而且就有一個藤編柳編的手作老闆與他保持聯絡，只要說有工作做，調動他手裡的人力，一通電話就可以搞定。

這些貨品要運到香港去經銷的，據說香港人很喜歡柳編藤編手工品，像手提袋、提筐及家裡的一些小裝飾物。

談判定在一家飯店，小王帶著祕書小陳和行銷主管小趙一起前往。對方只有兩個人，三十好幾，都穿著西裝，打著領帶，白色的襯衫領上有一圈明顯的汙垢，風塵僕僕趕來會面了，想必有做這件事情的誠意。

王軍詳細詢問了訂貨的情況，諸如是來料訂貨還是我們選擇材料你們定奪？品質在哪一個程度上？怎樣評定品質？談到差不多的時候，小王讓小趙在飯店幫他們開了房間，讓他們好好洗洗，休息好了第二天再談。客戶點頭稱好。

第二天小王辦了一桌豐盛的酒菜款待他們，兩人都很滿意，說小王有氣

魄有誠意，不愧為生意場上的行家裡手，吃喝中話不是很多，討價還價後談定五個尺寸各兩千個為首批訂貨量，先付三分之一的款項安排生產，交貨時間是一百二十天。談判輕鬆而又順利，令小王意想不到的是，最後到簽字時，兩位客戶都說自己喝多了，不肯當下簽約，小王知道他們葫蘆裡賣的是什麼藥，吃完飯，客戶提議去喝酒放鬆一下。

小趙藉故說頭有些痛，兩位客戶不高興的說：「那就算了，乾脆回房休息。」小趙擺脫不了那兩位客戶，急得都要哭了。小王說：「小趙你回家休息吧，生意明天再談。」小王的意思很明顯，想談就談，不談拉倒，做不成也沒有關係。小王的態度有些硬。

這一筆生意有一些賺頭，而且還是連鎖的生意，但是小王不想捨棄人格與人談生意，再說，生意都是互惠互利的，不存在有誰硬求誰的。當然，對方擺架子也有他的道理，他們手頭有資源，不找東家找西家，有錢不給你賺也行；但是小王這邊確實有他們的優勢，原材料的生產地和一批訓練有素的工人，這是短時間裡沒有辦法物色的，小王分析了他們的優劣勢後，重新理出了談判的思路。第二天，小王直接陳述自己的觀點，生意人以誠為本，永遠都是做人和做生意的準則，歪門邪道只能是一時的。小王說，我很希望與你們合作做成這筆買賣，可是你們的「想法」太多，似乎超出了我的能力。小王故意把「想法」這個詞說得很重，對方看他的態度不像前兩天，大概也怕把事情鬧僵了，其中一個笑著說：「哪裡哪裡，我們和你的想法是一樣的，只是想藉機看看你大老闆的為人，現在我們也放心了。」

小王看到事情有進展，也不想去揭他們的老底，雙方在說說笑笑中就算把事情搞定了。

小王做了一次相當漂亮的助攻，一年裡僅這一項就獲純利幾十萬元。

第三章　不可複製的點子，一個成功案例給你的思考

一個好點子的產生和成功，都有它的特殊性和唯一性。在某些時候，我們不能把別人成功的東西挪到自己身上。你要有自己獨特的想法，才能真正得到自己想要獲得的成就。在商戰上第一個點子都是獨一無二的，於是我們才會看到又一個奇蹟的產生。

敢想敢做，該出手時就出手

在零下 20℃的冬季，用八週時間，在一座人口一百多萬的城市，讓一種健康飲品 —— 生命水的銷售達到旺季時的三十倍，你信嗎？

買價值新臺幣 500 元的水，不僅有機會免費得到價值 28,000 元的鑽石（八週共一百顆，夠多吧），還可以得到 4,000 元的鑽石折價券。原本 25,000 元的鑽石現在只需 10,000 多元就可得到，10,000 多元的鑽石只需要花 3,000 元就可購得，這幾乎是鑽石的進價。鑽石絕對貨真價實，經過權威部門公證。這種促銷力度，有吸引力嗎？

你一定以為廠商瘋了，這樣的促銷還不虧個翻天？可是事實上，廠商的促銷品沒花錢。

企業利用冬季促銷，不僅獲得銷售額的上升，一舉成為當地市場飲品的強勢品牌，還順利進入管道，組成了一支三十人的行銷團隊，擴大了企業和產品的知名度，獲得了多重的收穫。

讓我們看看這樣一個非常規的促銷案例，或許能給你一點啟示。

案例：八週，暢銷生命水 —— 一次非常規促銷案例。

某廣告公司接到一家飲料公司老闆的電話，眾人很興奮，這是一個找上門的案子。

老闆提出要求：從 12 月到來年 1 月，僅僅兩個月的時間內，要完成其產品 —— 生命水飲料 —— 在目標市場某市的上市，銷售量要達到兩萬箱，銷售點的數量達到七百家！

天呀，這怎麼可能！兩萬箱，是其旺季銷售量的二十倍！該企業原有的銷售點才一百多家，兩個月要達到七百家，太苛刻了吧！

要知道，這可是飲料的淡季，大冬天的，烤火還來不及呢，誰吃飽了撐著，抱著飲料喝不停？更何況，某市才多大的一個市場？人口也就一百萬的樣子，兩萬箱，幾十萬瓶呀！那不是要全市民在這兩個月裡，每個人都喝一瓶生命水，無論年紀大小，一個都不能少？

我們接待過很多的老闆，要求都很高，像：

「能幫我們設計一個一招制敵的方案嗎？」

「我們就想要最有效的！」

「我請你們來，就是希望活動簡單有效！」

這些要求是家常便飯。想想也是，正是因為人家搞不定才找你，不然要我們這樣的顧問做什麼？難是難，最重要的是這個案子太富於挑戰性，賺多少錢事小，真的成功了才叫厲害！

要玩，就玩得比誰都狠

當然，接下這個案子我們並不盲目。我們仔細分析發現，12 月到來年 1 月雖然是飲料淡季，但是卻有很多有利於我們完成任務的市場因素：

（一）因為是淡季，競爭對手對市場關注減弱，是我們進入市場的天賜良機。

（二）另外，12 月到來年 1 月，對飲料來說是淡季，但是對商業來說是絕對的旺季，其中商機無限。

（三）這兩個月是節日最多的時間段，有情人節、耶誕節、元旦、春節，都是大節，我們不正好可以利用嗎？

我們做過很多案子，也知道要在這樣的情形下達到甚至超過目標，沒有「絕活」肯定不成。促銷，要給消費者足夠大的誘因才可能把他們吸引過來，更何況是在淡季。我們替一家牛乳業操作的時候，就舉辦過「買牛奶，送麵

包」的活動，很成功 —— 因為消費者覺得超值！

但是在淡季，飲料根本就不是必需品，像「買牛奶，送麵包」這樣的超值肯定沒有足夠的吸引力。必須足夠狠，才能贏得市場。

情人節、元旦什麼事情最常發生？送情人禮物；結婚 —— 送戀人禮物！送什麼呢？鮮花、巧克力 —— 不夠超值呀！

一個大膽的設想在我們腦海裡產生，能不能 —— 「喝生命水，送超值美鑽」？而且送的鑽石夠大，買不多的水就可以得到，這樣才足夠炫，才絕對超值，才不會被競爭者迅速跟進，企業運作的招才足夠狠。不狠，怎麼後發制人？

令消費者發狂的企劃

一個價值 28,000 元的鑽戒，現在你只需要拿出 11,600 元，就能輕鬆購得；一顆價值 10,000 元的鑽石，現在你只需要拿出 3,000 元，就能輕鬆購得。

以此為亮點的促銷核心，令我們十分興奮。以我們做過的許多案例來看，這樣玩，不轟動才是怪事。但是，可以狠到更極致嗎？讓消費者達到瘋狂的程度，這樣的狠，才夠爽！我們想：什麼能叫更多人發瘋呢？對，最大化的讓消費者得到促銷帶來的超值，加大消費者獲益的內容，看你會不會為之瘋狂。

經過精心的企劃，核心促銷方案出爐，足夠讓消費者發狂：

方法一：促銷時間內贈送一百顆美鑽，每顆價值 28,000 元。採取抽獎方式，確定獲得者。

方法二：促銷時間內，每購買兩箱生命水，價值 500 元，可以獲得價值 4,000 元的美鑽折價券，在指定珠寶行購買美鑽。

規定：一切規定在活動期間內有效，消費者在指定珠寶行裡購買鑽戒，能夠享有七折優惠。購買一顆鑽戒，一次最多可用兩張美鑽折價券。

本次活動，中獎率高達60%以上。

促銷結果，好得令我們手舞足蹈

經過八週的上市促銷，飲料公司的生命水獲得了驚人的成功。企業滿意，我們更是為這輝煌的戰績喜不自禁。我們可以看一組資料：

(一) 出貨量已達四萬箱（均為款到發貨）。

(二) 銷售點促銷近三萬箱，平均每月一萬五千箱，且有上升趨勢。

(三) 企業知名度已在當地達到百分之百。

(四) 大經銷商發展為六家，銷售點達一千家（注意：上市前，企業原有銷售點不足兩百家）。

(五) 更為重要的是：行銷團隊已從四人發展到三十人，並在活動過程中得到了最實戰的鍛鍊與提升。

(六) 當地月銷售量已穩定，是旺季銷量的三十倍。

(七) 八個品種、十四個規格的商品全面上市。

該活動的成功不僅轟動了整個市場，也震驚了當地的所有飲品業同行，以至於某著名國際飲料公司快速跟進，送起了金條。

賣500送4,000，怎麼可能？你一定滿腦子疑問：賣水，送美鑽，瘋了吧？

按照上面的促銷方案，對於那些購買生命水的消費者，到指定的珠寶店購買28,000元的鑽戒，首先打七折，即19,600元。再抵4,000元的折價券，只要15,600元，就能夠得到原本要28,000元才能買到的鑽戒。活動還規定，

消費者最多可以使用兩張抵價券，這樣消費者最少只要花 11,600 元就可以得到一個價值 28,000 元的鑽石。

如果購買鑽石，消費者更加划算。零售價為 10,000 元的鑽石，七折打到 7,000 元，規定可以使用 4,000 元折價券，那麼消費者再花 3,000 元就可以得到一顆鑽石。

珠寶店憑什麼提供這麼大的折扣？難道是在為生命水的促銷免費作秀，吐血贈送？或者，是在玩「先漲價，後打折」的把戲？再或者，生產生命水的廠商在補貼珠寶店的損失？

可以明確的告訴大家，都不是。

珠寶店不是慈善機構，28,000 元的美鑽是正常的零售價格，而飲料公司更不會做「賣 500，倒貼 4,000」的虧本生意。

那麼 28,000 元的美鑽賣 11,600 元，在商業上如何可能呢？

其實，這也是當初困擾我們的一個難題。如果這個困難點不解決，整個促銷方案在商業上就是天方夜譚。

思索了幾天，一個局外人點醒了我們這些當局者：「28,000 元的貨想賣 10,000 元？這還不簡單：直接找廠商進貨，砍掉中間商的利潤，賣得再便宜都行。」

對呀！我們如夢方醒，立刻著手調查珠寶業的流通情況，看看是否存在這樣的機會。

調查顯示：在珠寶市場上，鑽戒上面的「裸鑽」很大部分都來自於進口，之後由珠寶企業加上白金戒托，這樣就成了鑽戒成品。鑽戒成品，還不是由廠商直接流通到珠寶行，中間有很多環節。在每一個流通環節上的利潤，導致了我們在珠寶行裡所看見的鑽戒價高無比。

比如：一顆價值5000元左右的普通鑽石，鑽戒廠商加上的白金戒托是1,300元，鑽戒也不過6,300元，但是珠寶行的零售價是28,000元。從6,300元到28,000元，就是流通裡的增值部分，是不是很驚人？

正是如此大的差價空間，為我們的促銷方案帶來了生機。

於是，我們找到鑽石供應商，要求大批量進貨（進的是裸鑽），得到很便宜的價格。

之後，我們找到當地最大的珠寶行，邀請珠寶行聯合完成這次促銷活動。我們給珠寶行的價格，遠遠要低於珠寶行在正常管道進貨的價格，而且我們的促銷活動又為他帶來眾多顧客，最厲害的是，還可以賺取大量加工費用並打擊同行，不做才是傻瓜！

同時，我們要珠寶行按原零售價的七折降價賣給消費者，以吸引更多顧客，但額外的要求是消費者要參加我們的活動，憑活動券才可以獲得優惠。

這樣，消費者只花了一半的價錢就得到了美鑽，而對於飲料公司而言，成本只需要2,000元左右的鑽戒，消費者購買的最低花費是3,000元；成本為5000元的鑽戒，消費者購買時最少花費11,600元。也就是說，消費者只要購買鑽石，賣家就賺錢，而且這個差價還不小，即使算上與當地鑽石商的分成，飲料公司還有不錯的利潤空間，完全可以補貼送出去的一百顆鑽石。

這樣看來，我們不但送得起美鑽，還能在美鑽上獲得甚至超過賣生命水的利潤，還怕贈送的數量嗎？對於珠寶行來說，這樣的聯合不但為他們帶來了商機和利潤，更重要的是還帶來了人氣，對於一個珠寶行來說，有什麼比人氣還重要呢？對於消費者，更是百分之百得到了實惠，樂得開懷，太超值了！

合理的運作，是非常規手段實現的保障，沒有合理的運作，再好的點子

都只能是零。

其實，我們完全知道，一個再好的點子，再美妙的計畫，離開了合理的執行都是不可能發揮作用的。很多企業的老闆希望一個點子能救企業於水火之中，那絕對不可能。我們的這個活動，依賴於一個令人發瘋的企劃，但更依託於合理的執行。在這個定義上，我們像絕對聽話的一群孩子。

生命水整個上市活動，我們訂了四週的時間，整個企劃案都是圍繞著這個時間段進行的。我們都知道，一個成功的新品上市，通常都要經過四個時期：誘導期、促銷期、熱賣期和穩定期。生命水的八週上市計畫就是按照這四個時期順序進行。在推展「喝生命水，獲超值美鑽」促銷活動之前，飲料公司做了一些市場準備，比如：

以代銷方式，說服當地知名經銷商經銷生命水。

向代銷經銷商透露促銷計畫，並簽訂獎懲協定，對他們做出熱賣承諾。

幫助經銷商進行貨架陳列，製作宣傳品。

飲料公司的這些準備，其實目的只有一個，讓消費者可以方便的得到生命水。有管道、有目的的準備，是為了促使整個上市活動順利進行，避免消費者知道了產品，有了購買欲望，卻買不到產品的情況發生。

誘導期（前兩週），盡可能的讓消費者知曉活動

「喝生命水，獲超值美鑽」是本次上市的最大噱頭，但是，如此炫目的噱頭如何最大化的讓消費者知道，並且相信「喝生命水，獲超值美鑽」是真的，這是前兩週必須解決的問題。

第一週

在當地報紙連續刊登促銷資訊，做足「喝生命水，獲超值美鑽」概念的傳播，並告知全市市民，將於週末在某地舉行「現場秀」，當場抽獎，送出十

顆美鑽，並讓每一個一次購買兩箱生命水的消費者，現場領取價值 4,000 元的美鑽折價券。

可想而知，如此話題十足的活動在一個不大的城市所產生的影響。熱鬧的「現場秀」，十顆美鑽當場贈送，所有購買者現場得到價值 4,000 元的美鑽折價券。活動吸引了很多消費者參與，並奔相走告。同時，此轟動效應吸引了當地電視媒體和報紙媒體的熱切報導。

第二週

媒體爭相報導該活動。飲料公司利用這個機會，頻繁在各媒體亮相。更為重要的是，飲料公司在電視和報紙上解釋如此大力促銷的原因：

利用淡季，別的廠商不做促銷，自己做的主要原因是可將消費者的目光更加吸引向自己，可以避免旺季促銷時與競爭者的正面衝突。

抓住淡季，搶先進入市場，獲得更大的鋪貨率，掌握銷售優勢，建立競爭者進入市場的障礙。

如此解釋，在於取信於消費者。

飲料公司除了仍然在週末做「現場秀」外，還藉市民觀賞電視節目的時機，請獲獎者在電視上談獲獎感受，以獲得更多消費者對此活動真實性的信心。兩週時間，「喝生命水，獲超值美鑽」的活動幾乎成了本市市民茶餘飯後熱烈的談論話題，活動讓消費者最大化的知曉，並且得到了消費者的信任。

小結：誘導期有以下特點：

(一) 產品或品牌認知率低。

(二) 消費者指名購買率低下。

(三) 企業此階段投入將很高，收益卻很小。

(四) 消費者可能產生衝動購買。

針對以上特點，企業應該達到的目的是在最短的時間裡獲得產品或品牌的知名度。為此，企業的運作一定要夠狠，在最短的時間內讓消費者知曉，了解有這樣一件事和產品，而最有效的方式是透過大眾媒體宣傳。

同時推展令消費者感到吃驚和震撼的促銷，只有如此才能最大化的吸引消費者、媒體、合作者、競爭者及整個城市的目光。得到了注意，就完成了目標。銷量不是這個階段的目標。

因此企業在此階段必須在媒體、整合新聞資源等方面做得更多，一定要大力炒作、強力促銷事件。

促銷期（第三至四週），讓消費者更加深入了解產品

經過前兩週的強勢轟炸，已經有了足夠多的消費者青睞，已經有消費者進行「嘗試性購買」，銷售開始鬆動，產品上市進入了促銷期。這個時候，很多消費者開始關心產品，他們心裡會問：

生命水是什麼飲料？

生命水到底能為我帶來什麼好處？

生命水和別的水有什麼不一樣？

很顯然這些問題是圍繞產品來的，促銷期一定要讓消費者更加了解產品。那麼，飲料公司是如何做的呢？

安排人員在街頭發放生命水的 DM 宣傳資料。

利用媒體關注，在當地報紙上投放感性的文章，突出生命水特點。

「現場秀」照做，但是已經不再是歌舞表演，而是關於生命水和企業的基礎知識，並當場給予獎勵。

因為此時正值情人節、耶誕節，除了美鑽，還特地設計了情人節、耶誕節的主題贈品。

這個階段，飲料公司利用促銷活動，把生命水的特點告訴了消費者——保健類飲用水，對清理腸胃，增加人體礦物質有很好的功效。銷售量開始大幅度上升，原本對生命水不看好的經銷商紛紛要求銷售該產品，企業順利完成了大範圍鋪貨，贏得了銷售通路。

小結：促銷期的基本特徵：

（一）消費者開始嘗試第一次購買行為，銷量上升較為明顯。

（二）消費者購買行為是臨時性的，隨時可能遠離。

（三）消費者想更加了解產品本身。

（四）如果效果好，會很快帶動消費，引起經銷商注意。

在這一階段，企業目的是獲得消費者對產品的初步認可，並接下來影響相關人群。讓消費者更加了解產品特性，促使消費者嘗試產品，這樣消費者才能產生切身的體會。促銷訴求應該增加理性的成分，擴大產品或品牌的影響力，因為消費者正在理性的拿你的產品和別的產品進行比較。

熱賣期（第五至六週），將銷售量衝到極限

經過了前面四週的狂炒話題，「喝生命水，獲超值美鑽」已經深入人心，產品也得到充分認可，企業知名度和產品影響力達到空前高度。市場呈現了消費者爭相購買的熱賣現象，上市活動進入了熱賣期。那麼這個時候，企業將把銷售量衝到極限作為自己現階段的主要目標。要達到這個目標，飲料公司認為，必須圍繞三點來進行：

（一）讓消費者用最方便的方式購買。

（二）讓消費者更容易獲得贈品。

（三）還有什麼贈品更能吸引消費者。

為此，飲料公司除了繼續抽獎贈送美鑽外，還對促銷活動做了如

下調整。

第五週

（一）取消現場秀，將促銷現場放到零售現場。

（二）與當地賣場合作，推出「購生命水，送折扣卡」活動。

（三）對經銷商開始促銷，推出「賣十瓶送一瓶」活動。

企業如此調整，目的是將促銷場所往銷售通路轉移，將消費者引向零售點。因為，產品最後到消費者手中，還必須依賴於零售終端。

另外，和賣場合作送折扣卡，正好也是賣場所需求的。因為每年 1 月正值元旦和春節期間，賣場商戰競爭最激烈，他們也希望自己的折扣卡可以到消費者手中。企業之所以這樣做，還有一個重要原因，因為透過前四週的活動，已經有一批消費者得到了美鑽，他們的反覆購買，用什麼來吸引呢？就是他們「過年過節」所需要的商品。飲料公司可謂妙招頻出，極善於抓住機會。

飲料公司對經銷商的「熱賣承諾」已經達到。但是，如何讓經銷商更賣力呢？原本對熱賣利潤很滿意的經銷商，再給他一點好處，就更能激發起他們的積極度。

本週這些做到位後，就要開始真正衝銷售量了，接下來企業如何做的呢？

第六週

（一）降低贈品獲得門檻，原本購兩箱可以獲得價值 4,000 元的美鑽折價券，現在只要購買四瓶就可獲得。

（二）增加贈品種類，如：運動券、當地風景區一日遊等等。

（三）做好對經銷商的服務，例如及時補貨等等。

在這個階段，飲料公司透過降低促銷門檻，進一步加大對消費者的吸引力，並且透過加強對銷售通路成員的服務，形成強大的市場推動力，市場熱賣真正達到高潮，也將銷售量擴大到了極限。

小結：熱賣期基本特徵：

(一) 隨著消費者認可了產品，產品銷量急劇上升。

(二) 促銷活動達到高潮，消費者開始形成購買習慣。

(三) 購買行為出現一定的穩定性，消費者的指明購買率達到較高程度。

(四) 經銷商的積極度隨熱賣而高漲。

這個階段，企業的最主要的目的就是衝量，一定要在短時間內占據一定的市場占比。由於前期的工作較為順暢，此階段的重點完全放在怎樣去進入更多的銷售通路和現場促銷。當企業的強力促銷達到巔峰，大獎等層出不窮時，就會讓購買的消費者始終處於興奮的狀態。而最大化的衝量，對今後銷量穩定下來所達到的量的影響很大。

穩定期（第七至八週），得到真正屬於你的消費者

熱賣之後，消費者由於促銷所產生的消費熱情也開始降溫，銷量會出現一個比較大幅度的下降。企業不可能將消費者永遠留在不理智的消費狀況之中，那些由於衝動購買產品的消費者會流失很大一批。因此不要著急，這很正常。關鍵的是，企業如何建立屬於自己的忠實消費群。飲料公司的做法是：

(一) 大幅度降低促銷力度，大獎品減少，小獎品翻新。

(二) 再投放感性文章，介紹產品特性，加強消費者對產品特性的記憶。

(三) 讓企業其他新品進入銷售通路。

贈品促銷，興奮期已經過去，但還是要有，而此時降低促銷力度，是為將來取消促銷進入正常銷售做好準備。

當消費者的衝動購買結束，就應該加強產品特性宣傳，培養自己的忠誠消費者，並藉機將其他新產品帶入銷售通路。

小結：該階段特徵：

（一）由於促銷活動的逐漸降溫，部分臨時性購買產品的人可能不再購買，銷量有所下降。

（二）由於大部分目標消費族群對產品的認可，消費量逐漸呈穩定的狀態。

企業需要獲得一定的報酬率和利潤。此時，促銷力度降低，企業透過非促銷層面來繼續鞏固消費者。例如繼續進行一定的產品品質宣傳，讓消費者感到物有所值等。

非常規的非常疑問

八週賣翻生命水的確創造了一個「奇蹟」，然而，在「奇蹟」的背後，很多人提出了很多疑問：

（一）這樣急功近利的做法會不會殺傷品牌？

（二）這種極端的促銷做法是否有只圖短期利益之嫌？

（三）生命水能走得遠嗎？

（四）這個活動可不可以複製？

帶著這些疑問，我們給讀者一些資訊，也想表達我們的觀點：任何活動都不能孤立的來看，任何一個活動都不能簡單的複製。

企業都有難念的經

任何一個活動的設計都不是憑空產生的，也不是孤立的，它必然和企業所處的狀況與企業的目標有關，生命水的促銷也不例外。

在活動設計之外，我們先看看該企業的狀況：

2XXX 年 11 月，我們受邀對該飲料公司進行行銷診斷及顧問諮詢，在工作組入住六天後，透過全面的市場了解和詳細的訪談，我們了解到：

企業的基本現狀：

該地區首家擬上市公司，總投資近 10 億元。

兩條世界頂級全自動電腦控制的尖端高科技生產線，價值 75 億元。

以澳洲生物技術專家、日本千葉工業大學研究教授以及當地的大學教授組成的跨國研究團隊。

一個高科技的產品 —— 生命水。

然而，在近乎豪華的硬體設備和極具市場競爭力的產品背後，企業的行銷體系、行銷工作卻和生產有著極大的反差，產品上市試銷三個月，廣告投入近 2,000 萬元，銷量每月不過幾百箱，整體行銷體系團隊不足十人，且均為剛畢業的大學生，經驗與能力難以支撐整個的行銷工作。

在全面仔細的分析之後，我們遞給飲料公司的第一份方案，就是一份憂心忡忡的行銷診斷！

行銷診斷：確立「以銷定產，以銷為心」的核心思想

透過對飲料公司五天的考察、訪談以及有限資料的研究，我們認為整個企業資源處於一種極度的不平衡狀態。這種極度不平衡主要表現在生產與市場各種要素之間，更深一層的說，是存在於管理者生產意識與市場意識的極度不平衡之中。

具體歸納下來有以下幾個方面：

工廠與市場的極度不平衡：應該說，以企業投資上億元的固定資產建構

的國際先進生產設備、生產廠房，和現代化程度極高的生產線來看，工廠的現狀可以說非常令人滿意。然而從訪談、走訪的情況看，企業對「市場」與對工廠的重視程度，相比實在是甚為薄弱，對於市場研究、消費者研究、銷售通路研究、銷售點研究，乃至整體行銷策略等最基本的市場問題（也是至關重要的問題），沒有任何具體的成果和資料。在市場化已經十分明顯的飲料領域，企業的競爭早已展現在對消費者和市場的爭奪上面了，對於市場的重視程度不足，顯然是難以在市場上制勝的！ 生產組織與行銷組織的極度不平衡：無論在工廠人員人數、組織配備還是管理上，生產組織架構已可以完成企業所需要的生產任務。但看一看企業的行銷企劃部門，作為一個產品市場行銷的整體策略的輸出部門，卻僅僅有不到十人的編制，企劃工作完全依賴專業的廣告公司，高級行銷人才嚴重匱乏，難以承擔整個行銷重任。

資金安排的極度不平衡：企業的固定資產總投資已達 75 億元，然而在行銷團隊組成、行銷人才的引進、銷售通路建立及促銷上所花的費用不足 2,500 萬元，因此導致產品的銷售不力。

產品生產與產品研發的極度不平衡：如此龐大的投入，如此高效率的生產設備，卻僅僅用來生產兩種產品（沙棘與高鈣），一方面使這兩種產品承擔了極其過分的工廠壓力（單項必須有極大的市場銷量才能維持工廠開銷），另一方面，一旦產品過早進入衰退期，那麼企業的市場生命將何以延續？

在經過一番全面的診斷後，我們認為，企業過去經營思路的問題是造成企業現狀的根本原因，因此，必須迅速解決這些方面的問題。

我們提出的診斷報告得到企業高層主管的認可，企業重新確立了「以銷定產，以市場為中心」的經營思路。然而在時間和企業現狀的壓力下，如何制定行銷策略、組成行銷團隊、發展何種活動，就都一股腦的擺在企業的面前。

緊迫的時間，面臨的現實

確立了以「行銷為中心」的思路，但究竟如何進行下一步較為龐大的行銷工作？時間和季節的障礙留給我們一道不小的難題。

進入 11 月，即將進入寒冷的冬季，在當地，溫度已經開始大幅下降，最冷可達零下二十幾度。在這樣的天氣下，飲料銷售早已進入淡季，別說非知名品牌，連可口可樂等國際知名飲品的銷量也都大幅下降。面對這樣一個季節，消費者毫無消費欲望。我們應該怎樣改變目前的銷售現狀？

假如對產品的銷售無任何動作，也像其他廠商一樣，等待明年春季再進行行銷，那麼冬季的兩個多月的時間做什麼？如果進行行銷團隊的建立、人員招募、培訓，但問題是行銷「兵馬」來了，卻無仗可打，無疑會使得行銷團隊得不到訓練。那麼應對明年嚴峻的市場環境，這批團隊能撐得住嗎？對於企業而言，一個冬季的修整，勢必也會使一直以來高漲的員工士氣降低，而且這兩至三個月的時間是最不能容許錯過的。

更為關鍵的是：該企業建立伊始就受到各方的關注，如果這樣悄無聲息的過去一個冬天，不僅打擊了股東的信心，也令政府在內的各界部門感到疑惑。從 6 月到 10 月，幾個月的行銷成績不佳，企業的股東、員工等都在看著企業的動靜。

現實情況還有，企業近期生產的大批產品並未出庫，要挨過整整一個冬季，那麼這些產品占用的資金就無法形成流轉。且等待三個月後，產品生命週期縮短，必然增加產品快速進入銷售通路和銷售的壓力。這些問題怎麼解決？

更為重要的是：企業目前的銷售通路基礎為零，人才團隊毫無經驗，等到春季，各家飲品企業紛紛出手，那時候，我們有信心讓經銷商和我們合作嗎？我們的團隊撐得住嗎？

正是基於上述理由，我們決心做一次非典型的促銷活動。而且，要做就要做成功！

活動要辦，還不能僅僅賣好

整個「冬季攻勢」勢在必行。面對整個企業的實際狀況，它已經不僅是一次單純的策略性活動，也不是一次單一目標的行銷活動，在本次活動所涵蓋的目標中既有策略性的又有策略意義上的。

具體來看，包括如下內容：

目標一：提升銷量。銷量是真道理，再多的鼓勵不如銷量說明問題。

目標二：在活動進程中，新研發產品陸續上市。我們不能等待，由於兩個產品難以支撐整個企業的投資，必須有新產品進入，這段時間就為新品研發提供了條件。

目標三：從零開始，建立起一支高素養的行銷團隊（人數約三十人）。沒有團隊，明年春季我們用什麼去開拓市場？

目標四：建立以某市為軸心的輻射地區的經銷網，進而涵蓋到整個區域，其中某市的市場零售點從現有的三十個要增加到一千家以上。在淡季拓展銷售通路，在別人都沒動靜的時候，讓經銷商先和我們合作起來，你覺得這樣不是更容易嗎？

目標五：企業知名度與信譽度同步提升，配合市政府名牌策略的展開，確立某市市民第一品牌地位。任何一個地方企業都需要政府的關懷和扶持，但政府不會大力扶持沒有明確的行銷策略和沒有成長性的企業。

目標六：生產不能停，員工士氣與旺季相比，只能上升不能下降。

目標七：透過成熟的市場操作手法，在局部市場取得震懾性效果，引起競爭對手注意，為策略同盟的建構創造條件。

面對多重目的，除了出奇，還有別的招式嗎？

如此多重的目的，我們實在難以想到任何常規的辦法。在一座零下 20℃ 的城市裡，把一瓶普普通通的水賣出去，而且銷量還要是平時的幾十倍。

單憑一瓶水的賣點，已經難以支撐這個目標，只有在水之外尋找賣點，於

是我們想到了鑽石。如前文所說的一樣，這個活動吸引消費者的實際是鑽石。可是，消費者真的吃虧了嗎？沒有！第一，消費者喝到了品質上乘的水；第二，消費者因此得到了購買鑽石的機會和優惠，這個機會機不可失。

有得就有失，我們失去了什麼？

無疑，這種非典型的促銷或多或少會對產品的品牌有些影響，對於這一點，我們也經過了深思熟慮。這個活動到底有沒有傷害品牌，傷害有多大？

可以說，活動本身對於我們產品的價值感，的確有所殺傷，可是綜合來看，卻沒有任何真正的傷害。在整個活動中，我們透明而公開，產品的品質沒有任何問題，企業也的確進行了較大的投入，而消費者更是樂意參與，沒有任何不滿。基於以上的事實，對品牌除了長期價值的認定外，又有何傷害？

我們的兩點啟示：

發展才是真道理：做企業不是靠感性而是靠理性，任何一個企業的經營活動都要以企業的綜合獲益為原則。天下沒有完美的成功，評價任何專案該

不該做和成功與否，要看綜合的收益。

企業生存和發展才是真道理，對於企業而言，沒有什麼比這一點更重要，尤其對於許多中小型企業更是如此。

一個不能輕易複製的案例：這個案例具有非常大的特殊性，例如：特殊的企業背景和環境，企業特殊的資源優勢，一些特殊的目標和願望等等，這些因素綜合起來，才會產生這樣一次非典型的促銷行動。

正因為如此，它不可以輕易的複製。

最後，我們想說，沒有經典的案例，只有經典的思考，只要它能給你一些啟迪，這就足夠了！

如何理解點子的形成體系

點子也有點子的作用

小學課本裡有一個點子「救命」的故事——「司馬光砸缸」，一個小朋友掉進缸裡，別的小朋友全跑了，司馬光靈機一動，把缸砸破，救了這個小朋友。這時情況緊急，可能就需要一個好點子，而不需要系統的、嚴謹的解決方案。也許救人的方法還有很多，比如：找到大人把小孩拉出來、找人把缸推倒等等。但可能面對某些情況來不及，因此需要靈機一動的創意。

在某種情況下，一個好點子（我們稱作好主意）就能發揮它的作用，可見點子也有點子的作用。

正確理解點子，它就能成為有效的策略。

一個缺乏好的創意的方案，獲得龐大成功的可能性是很低的，散落在系統的行銷策略和策略組合裡的點子，能輕鬆的讓方案錦上添花。有一年，在我們為某個飲品客戶進行產品上市的活動中，我們的一個活動效果出奇的好，這裡面就有一個好的點子發揮了很大的作用。

我們這個活動叫「泡泡有獎」，兒童節的時候，家長們喜歡帶孩子去商店、超市。這一天的廠商活動也非常多，整個超市相當熱鬧。怎樣才能吸引人群的目光就成了問題。我們一邊在做買一送一的活動，另一邊就想到了這個「泡泡有獎」。

在活動現場，我們準備了很多氣球，氣球裡有我們的獎品卡片。凡是逛商店的孩子們，都有機會得到精美獎品。他可以用針刺破氣球，中獎卡片自然就能得到了。這個活動最吸引人的是現場的氣氛，針一刺破氣球，發出「砰砰」的聲音，很是精采。好多小孩子爭著搶著參加，活動非常成功。

其實這個活動很簡單，但這個「點子」真的不錯！

正確地看待點子

對待點子，既不能一棍子打死，也不能頂禮膜拜，應該有正確的認知和態度。我們要知道，點子只是一個創意，不是一個系統。點子不是萬能的，它的有效性需要我們結合實際進行評估。首先，我們要學會區分哪些是好的點子，哪些沒有用；其次，我們要學會把點子放在實際當中，綜合考量是否能用得上，怎麼用，怎麼保證點子能發揮它的作用。

沒有好點子不行，只有好點子也不行，客觀的看點子，好好運用它，組合它，它就可以產生好的作用。

點子與體系，一個都不能少

我們將這個企劃總結出來，只是想給企業一個思路。快速上市，是每一個企業在做新品上市時的夢想，如何快呢？如果產品沒有問題，那麼可能有兩個思路是值得總結的：

第一，一個好的上市企劃往往是利器，利器就需要鋒利的刀尖，這就是好「點子」；

第二，再好的企劃都離不開合理的運作，失去了體系，點子沒辦法發揮好的效果。

在上述案例中，「買水送鑽石，而且是大範圍的送」，這個點子本身就超越了常規，能夠形成一種震撼。因此，消費者對「創意」的興趣，能夠引起很好的社會影響，也帶動了各種社會資源。不可否認，很多消費者是為了得到鑽石才購買產品的。

但點子的突兀是成功的全部嗎？顯然不是。任何時候，我們都要記得，行銷是一個系統，其關聯的要素很多，在服務於「賣水」的背後，有銷售通路資源、終端、廣告、企業內部的銷售人員，也有整體環境，如：節假日等等。怎樣把這些因素整合起來，規範性的運作，一致為目標「熱賣產品」服務，才是成功的關鍵。

作為這個方案的設計者之一，作為執行的參與者，我們深刻感受到：沒有一招制敵的方案，任何方案的執行都是最重要的。在每一個企劃的背後，方案本身最多占成功的 49%，而執行則最少占 51%，執行是有控股權的。

希望企業和老闆們能夠明白:點子雖然是方案的最亮的珍珠，珍貴奪目，但把一個一個的珍珠穿起來，才能成為一個項鍊。

特別是有的企業老闆，如果僅僅希望一個企劃來拯救企業，那你就大錯特錯了。顧問人士能夠救企業一時，但是企業要健康長久發展，你必須時刻問自己：我的運作符合常理嗎？

改變遊戲規則，你才足夠狠

在整個促銷方案中，飲料公司、消費者和珠寶行都是該活動的贏家。有贏者就有輸者，我們動了誰的乳酪呢？

珠寶行業的銷售通路特徵，和鑽戒這個產品的特性，給了我們機會。

第一，鑽戒是一種價值模糊的產品，可比較性差，價格又高，被消費者當作奢侈品，不在鑽戒身上打主意，還能打誰的呢？

第二，鑽戒流通環節層次多，整個鑽戒在流通中價值增加得厲害。如果我能搞定上游供應商，中間的費用足夠我們用作促銷成本。

第三，當地最大的珠寶行給了我們另外一個千載難逢的機會。該珠寶行是當地最大的，但是生意並不好做，因為眾多的珠寶行已經對它形成了強大的威脅，早就想對當地珠寶零售進行洗牌，重重打擊其他競爭者。真是，瞌睡遇見了枕頭，一拍即合！

於是，鑽戒銷售通路的中間商為我們的促銷買單，將珠寶行業銷售通路成員的利益，巧妙的移植到生命水的上市中來，結果實現三方皆贏。在這個意義上，「喝生命水，獲超值美鑽！」——絕對是非典型。

很多企業在促銷中，是將促銷成本打入自己的產品成本裡。這裡，飲料公司實現了促銷成本的轉移，讓別人為自己的促銷買單，並且還在促銷品裡賺了錢。

我們的企業競爭，按照常規做法，幾乎大家都能知曉，競爭在細節上。但是，這個案例給我們最大的啟發是，我們在做好常規運作之後，有沒有一些更有利的非常規方式？非常規的運作？企業利用了遊戲規則，並且制定了新的遊戲規則，於是，運作變得足夠狠！

超值與易得，促銷的兩個關鍵字

促銷，有效果嗎？不能說沒有，但是效果很大嗎？我想很多企業都將苦笑，誰都不敢保證促銷就可以立竿見影，但是不做又不成。你不做人家做，你不是在等死！特別對於那些同質化很厲害的產品，由於沒有產品特性的區隔，促銷賺銷量幾乎是唯一手段。

我們不妨看看現在的促銷手段，基本不外乎於以下幾種：

一、買 A 送 A：像買 10 公升精煉油送 1 公升，拿一個膠帶一捲，就送出去了。

二、買 A 送 B：像買一套沙發，送一套棉座墊。

三、買 A 送 C：像購改品牌電腦，送東南亞豪華五日遊。

那麼以上三種方式給消費者什麼樣的感受呢？買 A 送 A，像是在降價；買 A 送 B，像是搭售；買 A 送 C，消費者真的那麼容易得到？信心不足！

這並非方式上的問題，促銷關鍵是要解決兩個問題：

一要讓消費者感受到超值。

二要讓消費者容易得到。

像買 A 送 A，的確每一個消費者都能夠得到，但是不超值。買 A 送 B，也是這樣。買 A 送 C，的確超值，但是並不是很容易得到，消費者沒有了信心。

以上案例的成功，最主要的是同時解決了「超值」與「易得」這兩個關鍵環節，從而使得生命水的促銷與通常的促銷相比，顯得極其「另類」，這也是整個城市為其瘋狂的根本原因。

為轉移促銷成本出招

很多企業在促銷中，是將促銷成本打入自己的產品成本裡，產品本身利潤就很薄，促銷又要割掉一塊肉，企業如何不叫苦？特別是同質化非常厲害的產品，銷售通路切了一大塊蛋糕，剩給自己的讓自己都吃不飽，成本幾乎成了所有企業促銷的高門檻。

那麼，是不是有這樣的方式可以形成促銷成本的轉移呢？飲料公司的確是一個非典型的促銷方式，並不是很多企業都可以操作的，但是飲料公司給了我們一個很好的思路，就是我們可以找到一些可以為我們的促銷轉移成本的方法。

利用實際價值模糊的產品

像上面的案例，鑽戒就是價值非常模糊的產品，流通中的價值增值十分厲害，如果我們能夠在供貨源頭做文章，將它們作為促銷品，就完全有轉移促銷成本的可能。

有一個企業推銷牛奶，用了麵包做促銷品，牛奶的價格比競爭品牌貴 10 塊錢，結果效果非常好。原因很簡單：市面上賣 50 塊錢的麵包，如果很大批量地從廠商直接進，也就 10 塊錢的樣子。消費者知道的是市面上的價格，出廠價和零售價相差這麼大，消費者不明白，還覺得很超值。而且，很多人都有早上牛奶加麵包作為早餐的習慣，有麵包送，牛奶貴一點也沒有關係。結果，該企業促銷沒有花一分錢。

這樣的產品很難找嗎？其實不會，像健康食品裡有很多這樣的產品。如果我們選擇的是健康食品，就可以用「送健康」來作為促銷活動的訴求點了。

別人的商機，也是分攤促銷成本的時機

在賣生命水的案例中有一些很有意思的細節。促銷過程正好遇上春節和元旦，正是很多商家拚市場、搶商機的時候。眾商家為了吸引更多的客流，紛紛對某些商品進行打折銷售。我們和商家聯絡，推出「買生命水，送優惠卡」活動。

優惠卡，我們也不需要花一分錢，有商家做好了送來給我們，優惠的商品也不是我們的產品。但是，消費者很高興。過雙節，誰家裡不用買年貨呀？商家也樂意，我們成了優惠卡的免費派送員。

我們在選擇促銷品的時候，完全可以根據一些商業時機來選擇促銷品，關鍵問題在於將別人的商機轉化為自己的商機，充分利用別人渴望利用商機的心理，達到分攤掉促銷成本的目的。雖然，這個時候促銷品不一定是具體的產品，但是，只要能夠為消費者帶來利益，想消費者所想，同樣可以激起消費者的購買欲望，達到促銷的目的。

改變其他行業的遊戲規則，轉移促銷成本

這或許是促銷成本轉移最不容易做到的一種方式。這種方式運用必須具備幾個條件：

一、其他行業的遊戲規則是有漏洞的。

二、你十分熟悉你要利用的行業規則。

三、這個行業內的成員與你進行配合。

四、有沒有能力對其他行業的規則動得足夠狠。

……

但你具備以上條件之後，你要分析其他行業規則的特徵，這可以從產品、銷售通路、服務、價格等方面入手，執行起來要快要狠，一定不要等別人覺察，有了反擊你的時間。買生命水就是這個方面最為典型的案例。它是從銷售通路入手，最終犧牲的是鑽戒銷售通路成員的利益。

在企業做促銷的時候，不是所有的促銷都能夠找到買單者，筆者在此只是想為行銷人提供一個如何降低促銷成本的思路，更多做法或許還要根據產品特點、企業環境、市場情況等具體方面來確定。

脫離了本質，促銷只能失敗

促銷三連環：一個完整的促銷體系

促銷是一個完整的體系，促銷創意以及促銷活動方案的制定，僅僅是整個促銷流程中的一部分，如果沒有其他方面的配合，促銷活動是很難達到預期效果的。

一個完整的促銷是由三個相互銜接、配合的部分組成的，包括：前期調查研究、創意企劃、執行和控制。

調查研究 —— 沒有因，哪有果

前期研究工作主要是為了替促銷活動的創意提供適當的參考依據，研究的結果決定了整個促銷活動的方向和定位，也是促銷活動的基礎。

如果說目前很多企業促銷前都是由老闆決定，顯然不客觀。促銷是一個有目的的企業市場行為，研究的過程中必須要解決主觀性（企業促銷的目的）和客觀性（市場的客觀現實）相結合的問題。很多企業煞有介事的做研究，甚至請專業的調查公司做調查，仍舊沒有找到解決問題的關鍵，原因最多的是：這些調查往往是在拋開企業促銷目的的基礎上做的。

在為一家廠商做終端促銷的設計中就遇見這樣的現象。這家廠商在某大

城市有一百多個銷售點，企業透過自己的業務人員做調查研究，發現產品打折對銷售量提高很有幫助。於是，也採用這樣的促銷方式。但在我們介入之後，做消費者調查研究時發現，廠商的品牌形象由前兩年的第一品牌變成了次級品牌。進一步調查發現，品牌力的下降，企業單一的用打折作為促銷方式最主要的原因是：打折的確可以擴大銷售額，但同樣也殺傷了品牌。

促銷的市場調查，是以如何找到促銷的最佳方案為出發點的研究活動。透過促銷流程圖，不難看出促銷調查是透過對行業、銷售通路、消費者、產品的基礎性研究，來鎖定自己的目標消費者，確定銷售終端和促銷的適用性，最終制定目的性極強的促銷計畫。

因此，這個階段需要進行翔實的市場調查，以此確定企業的行業位置、選擇目標市場和目標消費群，同時考察銷售通路和促銷方式的適用性，制定出整體和單個的促銷計畫，企業整體的促銷計畫一般以年為單位。市場調查的合理性和真實性是本階段工作的重點。

創意 —— 盡可能突顯自身優勢

在經過詳盡調查分析之後，如何根據企業自身資源和競爭者的具體情況，最大限度地突出自身特點，將自己的優勢最大限度地展現在消費者面前，就是熱情碰撞的創意階段。

整個創意過程之中，最影響創意效果的是：

能否抓住企業的關鍵資源，資源的差異性往往是促銷的利器。

當產品有兩個甚至多個功能的時候，如何做出取捨，往往確定了整個促銷的方向。

某廣告公司在替一個多肽補鈣保健品做促銷計畫時，就和企業產生了很大的分歧，企業將核心訴求定為「鈣世英雄，基因工程」。企業的確是多肽產品的領先者，但是消費者並不理解多肽。廣告公司認為企業如此定位，要從教育消費者開始，對於一個新企業來說難度很大。從而給出了「補鈣就補乳源鈣」的核心訴求，因為當時補鈣成風，正好搭便車，卻沒有人將最好的鈣源 —— 牛奶，闡明給消費者。最後，企業一意孤行，導致了失敗。

單一策略與核心創意關係

所有的策略創意，一定要成為核心創意的支撐，偏離了核心創意，會導致促銷走樣。不可否認的是，在做創意的過程之中，也會遇到幾個創意難以取捨的現象，最好的糾正方式是測試，甚至是參與腦力激盪的人員的當場測試，及時扭轉偏差。

其實創意部分並不僅僅是一個「打造概念」的過程，在這個階段裡也應該包括諸如實際目標和成本預算方面的「實際工作」。對於資源匱乏的某些企業，有時可能這條線上的設計要比創意還要重要。因此，我們定義這一部分，它總要包括兩部分的工作內容：

一、確定企業的促銷目標和成本預算，這是企業制定促銷計畫的基礎。針對不同銷售通路的不同促銷成本，應該是我們關注的問題，實行多重銷售通路的立體促銷不一定是最好的方式，這裡的關鍵是:如何使多重銷售通路、多樣銷售通路的促銷績效達到最佳？

這裡有一個組合問題，如：銷售通路組合（經銷商、終端、消費者或特殊通路等），媒體組合（業配文、POP、廣告等）、公共關係、促銷活動組合（不同促銷階段的手法的差異）等等。

一家乳業做新品上市時，在促銷活動組合上，為了加大銷售終端力量，做了「尋覓三千新鮮使者就業工程」的活動，引起當地媒體極大關注，這是一次典型的公關活動，但很理想的宣傳了促銷核心訴求 —— 新鮮。

二、根據市場和產品資訊進行促銷訴求的提煉和促銷組合的創意，這部分就是平時所說的創意部分，它雖然是企業促銷活動的核心內容，但若以整個促銷活動的工作量來考察，它只占到一小部分。

在進行創意時，對參與人員、活化思維、氛圍設計等都十分有講究。比如：現場氣氛一定要活躍興奮，甚至有音樂的播放和調劑；不適合產品特性的人，最好不要參與。比如：做一個兒童產品的創意時，那些沒有童心的人員最好不要參與。

企業促銷創意經常犯一些很低階的錯誤，比如：

被企業常用資源蒙蔽，忽視細小但極具差異化的資源優勢。

被「概念」局限，不能突破原有的思考框架。

創意人員不搭配，有不適合產品特性的人參與。

沒有暢所欲言的創意環境，被領導者的想法牽引。

……

控制和執行才見真工夫

執行部分是企業促銷活動真正開始實施的階段，在這個階段企業要把所有的企劃創意、活動步驟、人員編制、職位職責、控制程序以及活動中的各種細節落實成文字的促銷活動方案，然後將促銷方案在小範圍內進行測試，測試通過的方案才能進入下一環節的具體執行。測試環節可以幫助企業糾正和調整不合理的方案和細節，因此這個步驟必不可少。

「一顆老鼠屎，壞了一鍋粥」絕對不是危言聳聽。曾經遇到這樣的事情：「買牛奶，送麵包」是一個很有吸引力的創意，買一袋牛奶送一個麵包，消費者覺得超值。並且，各細節都執行得很到位，促銷現場熱鬧。但是負責麵包採購的人害怕促銷效果不到位，採購麵包的數量比預計少了30%。結果可想而知，各銷售點的麵包斷貨，而重新採購和配送是需要時間的，導致了消費者對促銷的質疑。幸虧企業補救及時，很快扭轉了消費者的質疑，不然的話，整個促銷效果很可能向我們設計相反的方向發展。

做了這麼多工作，促銷活動的實施才正式開始了，這個階段才是考驗企業的管理能力、執行能力的「試金石」。許多好的促銷就是因為現場執行的不力，而最終沒有獲得應有的效果，有的還為企業帶來負面的影響。

三連環，一個都不能少

之所以說以上是一個完整促銷活動的三個部分，而不是三個階段，是因為這三者之間存在一個循環往復、層層遞進的關係，而不是完全意義上三個獨立的階段。

例如：前期準備部分的市場調查是合理促銷計畫和促銷創意的基礎，如果市場需要，可以重新調查或者進行補充研究；同樣促銷創意、促銷方案都需要進行考察或測試，通過了才能進行下一步的工作，否則就要執行循環往復的過程。

對於一個促銷活動而言，以上三部分工作缺一不可，但是這三部分的工作量和對促銷活動成敗的重要性不是完全均等的。

我們通常較為重視的促銷創意，雖然是整個促銷過程中最具挑戰性的工作，但它的工作量和重要性相對於其他兩個部分卻要小得多。這麼說是因為促銷創意必須來源於前期大量的市場調查和分析工作，只有在這樣的平臺和基礎上，好的創意才能誕生。

而企業促銷活動的成敗不僅在於有一個好的促銷創意，更在於促銷活動的規劃和現場的執行，否則再好的創意也得不到實施；相反，即使是一個沒

有什麼新奇的傳統促銷活動，由於執行、控制、配合得到位，也會收到良好的效果。

為什麼同樣的促銷活動，有的企業就能成功，而有的企業總是失敗，其根源往往不在創意在執行，因此我們說促銷實際上是一場企業管理、執行能力的大比拚。

執行總是「控股權」

我們在為企業做促銷服務時，往往會給促銷一個這樣的公式：

成功的促銷＝ 20%市場調查＋ 28%創意＋ 52%控制和執行

以上公式很清楚的表明了一個完整的促銷體系的三個部分，在整個促銷體系中的權重。三個部分不是一個簡單相加的過程，而是相互滲透的一個有機整體。

促銷讓人留下的記憶，往往都是創意的閃光之處。以創意時所投入的想像和熱情，產生這樣的效果並不奇怪。但是我們體會得最深的反而不是創意時的熱情，而是市場調查和執行時的點點滴滴，即使創意很令我們興奮，像對企業資源的取捨、對促銷細節的控制、對企業人員的培訓……

因為我們認為：創意完全可以由我們自己完成，而市場調查、促銷執行和控制，必須和企業共同完成。和企業共同完成的作業內容，往往因為企業因素，變得很難控制，所以我們也要投入更多的精力。一個專業的管理顧問公司應該能夠幫助企業共同制定和執行促銷活動的全部過程和內容，而不僅僅是提供所謂的「創意」和「點子」。

管理顧問公司的作用就是幫助企業透過嚴密的市場調查和研究，制定合理的促銷方案，將方案的每一步操作和細節落實到文本和執行過程中，並且在企業操作執行的過程中給予全程的指導，幫助企業透過適當監控體系，及時發現問題並進行調整，從而幫助企業圓滿完成每一次的促銷活動，實現促銷目標。

第四章　觸類旁通：只要想到沒有什麼不可以

思想決定一切。面對撲面而來的經濟大潮，每一個人都曾經惆悵過、徘徊過，但當你靜下心來勇於面對眼前所發生的一切時，相信奇蹟也可能在你的身上發生。只要敢於去幻想，沒有什麼東西是做不到的，因為意想不到的事每天都在發生。

在西餐禮儀中淘金

很多跨國公司都知道，有這麼一個從瑞士來的老外，他每天忙於教授西方的禮儀和文化，非常自得其樂。他還有一個十分特別的中文名字——滿睿漢。

滿睿漢原名 Andy Mannhart，公司的人都親密的叫他 Andy。Andy 對自己的中文名字非常滿意，只要一有朋友問他這名字的來歷，他就會很自豪的告訴對方，這是一位非常聰明的中國女孩幫他取的，音譯得非常貼切，既能展現自己的氣質，又能表達出他對中華文化的熱愛。

靈感是成功的源泉

52 歲的滿睿漢身上的紳士氣息相當濃厚，一舉一動都能讓你感覺到他的內在涵養。滿睿漢說不了幾句中文，在與其交談的幾個小時裡，只能偶爾聽他冒出「謝謝」「你好」「再見」幾個他比較有把握的中文詞語。然而他非常勤奮，只要一有機會就會和客戶、公司員工學兩句中文，雖然成效並不明顯，但從他辦公桌上擺的字典和書籍，就可以看出他對學習中文的認真程度。

在到中國之前，滿睿漢在瑞士就已經擁有了一個很成功的飯店設備供應公司，在泰國、印尼、新加坡等國還有四家分公司，同時還擁有一個與之配套的名曰「ART-ON-FOOD」的培訓學校，在歐洲的業界具有相當的影響力。現在，他又把觸角伸向了中國市場，但是他這次既不做對他來講已經非常成熟的飯店設備供應，也不開食品藝術學校，而是開了一家商務顧問公司，做起了禮儀培訓，開始他的新旅程。

「開禮儀培訓顧問公司的想法由來已久了，」滿睿漢看著記者，似乎有些靦腆笑了笑，「2001 年，生意上的夥伴邀我在南京一家義大利餐廳吃飯。其中一位朋友笑著問我，吃西餐是不是有什麼規矩 —— 在說這話時，她似乎對她吃西餐的樣子很沒自信。這件事讓我產生了一個想法，就是要把西方的餐桌文化教給年輕而熱情的朋友們。於是那天晚上，我就開始構想開一家這樣的公司 —— 我不會錯過每一個靈感。」

然而同時間，他已經擁有了一個龐大而成功的商務系統，因此他必須先做好縝密而周到的安排。在採訪的過程中，滿睿漢隻字不提困難和挫折，似乎已將其拋在腦後，而最後，他終於如願以償，在中國建立了他第五家公司。

滿睿漢的助理蔡小姐告訴記者，由於對於外商投資有一定的優惠政策，因此開公司並沒有遇到什麼障礙，但當時如何幫公司選址卻是讓他非常頭疼的問題。滿睿漢是個非常認真的人，對於辦公地點的要求很高，同時他堅持要把原來辦公室的東西全部拆掉，重新按他的標準裝修，這帶來了很大的難度。

「他的內部設計很有風格，就拿平常人最不在意的廁所來說吧，裡面放置了兩瓶高雅的 BOSS 香水來烘托氣氛，洗手臺邊放了各種國內外雜誌，紫色的氣氛彰顯高貴。另外，走廊兩側的陳列架也非常有特色，一切都是為了達到歐洲皇家禮儀的要求。絕大部分房東都不許他這樣弄，生怕他以後搬走這房子租不出去。最後一次，他和房東爭執不下，乾脆花了幾百萬元把房子給買下來了。現在房價倒是漲了不少，也算是『傻人有傻福』吧！」蔡小姐會心的笑了。

市場定位乃立身之本

2003 年 4 月，正當亞洲被 SARS 肆虐之時，滿睿漢卻到了中國，開始了他新的事業，他把這次嘗試稱為一次冒險。

「我當時已經 51 歲了，此時從瑞士移居到一個自己還不太熟悉的國家開拓一份新的事業，既是一個奇妙的經歷，也是一個很大的挑戰。我確實曾猶豫過，但是在中國擁有一個自己的公司實在是一個太大的誘惑，這個想法每天都會在我的腦海中出現，我的夫人也非常支持我的事業，因此我還是來了。事實證明我是對的，在這個地方什麼事情都有可能發生 —— 我成功建立了安真商務顧問有限公司。」滿睿漢的眼神中透著一絲驕傲。

他確實成功了。目前滿睿漢的安真公司的客戶已經相當之多，西門子、愛立信、安聯大眾、蘇爾壽等很多跨國大公司都和他有培訓合作。當然也有很多慕名而來的個人，一些祕書、公司主管、行政、行銷人員等也是這裡的常客。

安真公司的業務涉及很多方面，也有為各種不同客戶量身定做的課程，但絕大部分的客戶是衝著他們的餐桌禮儀培訓來的。採訪時記者恰好碰到 Nexans 公司的人力資源總監，他向記者表示，雖然自己參加的社交場合很多，但總是有自己長期以來累積的一種習慣，說不定就是自己的外國客戶所不喜歡的，自己卻意識不到，來上這樣的一堂課可以避免一些尷尬的事情發生。尤其是在國外進行商務會談，在了解他們的風俗習慣之後可以拉近跟他們的距離，對生意的進展有不小的好處。

滿睿漢的眼光是犀利的，市場定位是精準的，這是他成功的祕訣，然而他還是謙虛的把所有成功的因素都歸結到客觀因素上。

「我自己很熱愛中國的文化，喜歡和中國人交朋友，但卻不太喜歡中國人

吃飯的氣氛 —— 他們似乎太熱情了，吃飯的時候非常喧鬧，喝酒都要乾杯，當然還有一些不太健康的飲食習慣。西方人尤其是歐洲人不會也不喜歡這樣，在商務午餐或者晚宴的時候如果讓生意夥伴的感覺不好，一筆大生意也許就會悄悄沒了。因此很多人都來上我們公司的課，了解西方的用餐文化，畢竟優雅的舉止才是自己的第一張名片。」

人性化設置是魅力所在

在體驗課程的過程中，人性化的課程設計，讓記者留下了深刻的印象。從說話的眼神、神態，到拿酒杯的姿勢、喝湯時湯勺柄的方向都有很細化的指導說明。

滿睿漢的課程裡還有個很特別的內容 —— 全套西餐體驗。在吃西餐之前，他會讓你看一部公司自己攝製的影片，其中包括吃西餐時易犯的 65 個錯誤。在講解完之後，就可以享受大餐啦：誘人的沙拉、營養的蔬菜濃湯、美味的豬排和義大利通心粉構成的主食，餐後甜點會按次序送上，最後再來一杯香濃的自製瑞士咖啡，做紳士和淑女的優越感便會油然而生。

強調對女性的尊重是他上課時反覆提到的話題，而在交談過程中，記者也能時刻從每一個細節感覺到滿睿漢對於女性的尊敬。

「很多西方人都有著這樣的感覺 —— 中國人對女性的尊重不夠。在我們國家，你不可能看到男士和女士上下班搶計程車、搭地鐵搶座位，而在中國這種現象比比皆是。一個女性在公司裡做同樣的工作，也許卻得不到應有的尊重和報酬。商務禮儀中，最基本的就是對女性的尊重和謙讓，而女性也要懂得尊重自己。我努力把每一個良好的習慣教給這裡的紳士和淑女，讓他們做得更好。」

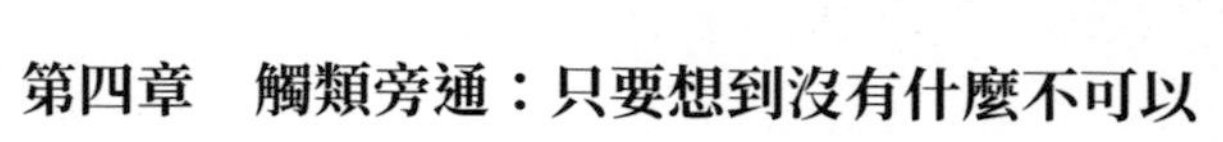

做個拿來主義也心安

約翰・詹森向經驗豐富的雜誌出版人請教，將 Johnson Publishing 締造成了一個傳媒帝國。Target 向迪士尼、通用磨房公司向 NASCAR 借鑑點子來改進他們的公司。你不必擁有全部答案，當然也無須總是提出原創點子。找出其他公司的好點子，將其應用於自己的領域，你就能借鑑他人的經驗。正如古老的諺語所說的，早起的鳥兒有蟲吃不假，第二隻老鼠吃到乳酪也是真。不用總是趕早。

史密斯（Fred Smith）創辦聯邦快遞（FedEx），透過集散中心在全國範圍內運送包裹的時候，這好像還是個新穎的點子。包裹不是直接從紐約運送到波士頓，而是途經曼非斯，裝進另外一架飛機裡，從那裡再運走。就單個業務來看，這種方法效率並不高，但如果把所有業務都放在一個網路裡，就非常有效了。儘管在包裹運輸上這是個革命性的思想，但其實這個思想並不新。透過電信交換機轉接電話，也是這個道理。正如史密斯所解釋的：「我的確沒有發明這個概念，印度的郵局使用它，Delta 航空公司也使用它，但將它用於物流領域還是獨一無二的。」

拷貝成功的點子，古已有之。如果某人提出一個為他們帶來競爭優勢的點子，過不了多久，其他人就會拷貝它。但這當然不是說你應該去侵害另一個公司的智慧財產權。不過拷貝好點子並沒有什麼錯。就像史密斯那樣，你可以從自己的行業之外發現一些好點子，將其應用到你的業務中。實際上仿效好點子很有意義。如果某些人發現了做事的好方法，為什麼不可以從中學習呢？

跟隨領導者

蓋瑞·胡佛（Gary Hoover）開始考慮開一家自己的零售店時，還是一名華爾街零售業分析師。與優秀的分析師一樣，他從做準備工作入手，盡力去識別未來二十年（1980年代和1990年代）的最新概念。他意識到超市概念是零售業的一個突破點。對此了解得越多，他就越確信這會是下一件大事。

雷哲魯斯（Charles Lazarus）引入了超市概念，在華盛頓創辦了第一家玩具反斗城（Toys ‘R’ Us）超市。他的想法是讓顧客走出商場，走進條狀中心，在這裡他們可以將車停在大門附近。透過提供品種繁多的折扣商品，他創造了一個奇蹟，最終成為玩具行業的最大龍頭。目睹著玩具反斗城的成長，蓋瑞繼續研究這個公司。玩具反斗城是一家公開公司，因此容易獲得它的資料，他也因此得以了解玩具反斗城的模式。

在為其他零售商工作的同時，蓋瑞繼續思考著。一開始，他是聯合百貨（Federated Department Stores）的採購員，後來擔任五月百貨（May Department Stores）的行銷、規劃和研究副總裁。儘管當時超市概念仍局限於玩具行業，但是他相信這一概念同樣可以用於其他零售領域。他還考慮日趨老齡化的人口——這是整個經濟的一個關鍵因素，提出了一系列他認為超市能經營成功的零售領域，比如汽車零部件、家庭裝飾、書、唱片玩具和運動產品。

他花了七年時間研究這些機會。在蓋瑞看來，很顯然，超市能夠而且將會出現在所有那些領域裡，他只是要從中選一個。他不是那種自己修車或修房子的人，但是他喜歡看書，喜歡逛書店。圖書超市似乎很適合他。

在最終決定要麼付諸實踐，要麼放棄時，蓋瑞做了最後的準備工作。他參加了一個書商會議。在會上，他所聽到的，最初令他大為震驚，但轉而又令他勇氣倍增。一個又一個的與會人員發言描繪圖書行業的黯淡前景。他們援引統計資料，說人們不再讀那麼多書了，因此變得越來越無知。他們似乎一致認為圖書行業沒有未來。

蓋瑞說：「我簡直無法相信他們對這個行業的未來那麼悲觀，但是我認為恰恰相反，這個行業相當令人興奮。」更令人吃驚的是沒有人談起超市。蓋瑞參與討論了書店的發展前景，但卻發現沒有一個人提及超市概念。這時，他相信他擁有了一個制勝法寶。「我不知道他們中是否有人曾去過玩具反斗城或者看過他們的年度報告。」蓋瑞說，「但我知道，他們沒有像我一樣對其進行研究。」因此，他下定決心，踏上了冒險之旅。

雖然蓋瑞在零售業有豐富的經驗，但對於賣書他仍然是一個新手。蓋瑞尋找風險資本家，希望籌集到 300 萬美元，在芝加哥開第一家圖書超市。但是，這些風險資本家嘲笑他的這個想法。他意識到他無法籌集到足夠的錢馬上實現他的夢想，於是他縮減了計畫，從天使投資人那裡籌集到 35 萬美元。

因為曾經當過分析師，所以在開第一家店的時候他也採用了分析方法。「我得找到一個城市，其圖書需求與書店營運成本的比率是最高的。」實際上，他想找到資金利用率最高的地方 —— 高需求、低營運成本。紐約和芝加哥這樣的大城市不在選擇之列，因為大城市的營運成本太高了。相反，他確定了四所大學城：安阿伯、麥迪森、研究三角園和奧斯丁。他最終決定在奧斯丁開店，於是就在 1982 年搬到了那裡。

博採眾長

既然已經採取了行動，蓋瑞就將他所認為的玩具反斗城的精髓 —— 大量選擇、折扣價格，應用於書店。當時，最大的書店是道爾頓書店（B. Dalton Bookseller）和沃爾登書店（Walden books），這兩家書店都在大型購物中心裡有數百家小書店。蓋瑞的第一家 Bookstop 店占地 10,000 平方英尺，這麼大的面積對一家書店來說幾乎聞所未聞。他還採取了前所未有的方法銷售圖書：天天打折。玩具反斗城還特別擅長使用配送中心，而當時圖書行業裡沒有人這麼做 —— 道爾頓書店和沃爾登書店這樣的大型連鎖店都備有送往各個店的庫存。隨著 Bookstop 的發展，蓋瑞在佛羅里達、德州和加州建立了三個配送中心，服務於全國三個區。

除了學習玩具反斗城的經營，蓋瑞還拷貝他在其他行業看到的好點子。一家典型的書店通常在中間有一條主通道，但是蓋瑞將超市的跑道設計借用了過來。靠近 Bookstop 店外側有一條橢圓形通道，背後放著暢銷書，一邊放著兒童書，另一邊放著期刊 —— 這種擺放方式「驅動」著人們逛整個書店。他還喜歡 Radio Shack 的做法：獲得顧客的名字和地址，以便日後向他們行銷。但是，當顧客在他店裡的時候，他又不希望打擾顧客。於是他就提出了變通策略：給顧客一張折扣卡，只要顧客在上面寫下名字和地址，買書的時候就可以享受 9 折優惠。這樣一來，除了能夠獲得顧客的名字和地址外，Bookstop 還能知道顧客在買什麼書、多長時間買一次。在此期間，他還率先在圖書業推出顧客忠誠卡。

蓋瑞博採眾長，將各行各業的好點子應用於圖書銷售，從而將 Bookstop 發展成了全美國第四大圖書零售商。1989 年，Bookstop 被巴諾書店（Barnes & Noble）收購，成為巴諾超市的基礎。儘管是圖書行業的新手，但是蓋瑞學習各行各業前人的成功模式，並將之應用於圖書銷售中。他將雷哲魯斯和玩具反斗城的模式應用於圖書銷售業，重新定義了這個行業。

好點子總會傳出去

高爾登．貝修恩（Gordon Bethune）接管大陸航空公司（Continental Airlines）時，大陸航空似乎正面臨第三次破產。在削減成本十年後，公司各級管理團隊遭到降薪，職位取消，顧客疏遠，整個公司的士氣蕩然無存。當時，大陸航空航班的準點率排名倒數第一。由於航班到達太晚，無法正常換乘的乘客不得不重新預訂其他航空公司，大陸航空每個月為此需要多支出 500 萬美元。高爾登．貝修恩接任 CEO 後，他知道他得採取一點措施來贏得公司員工的信任。他必須停止資源的消耗，而且必須要快！

高爾登宣布，作為挽救公司的計畫「前進」的一部分，大陸航空公司每入選一次運輸部每月準點率排名的前五名，他就向每個員工發 65 美元的獎金。這是一個很明確的目標，而且因為它是由外部組織來評判的，所以完全公正。如果大陸航空入選前五名，每個員工，無論什麼職位，都可以得到這筆獎金。高爾登指出，在一個對管理層充滿猜疑的公司裡，這是一個簡單而公正的目標，可以讓每個人的力氣往同一處去。同樣重要的是，它可以幫助大陸航空的員工恢復驕傲感和合作精神。

結果，在一個月內，大陸航空從準點率排名的最後一位躍居第四。每個員工都分到了獎金。公司並沒有將這筆獎金直接加到員工薪資裡，而是另外發給每個員工一張 65 美元的支票。對於正處於最惡劣關係中的員工來說，這個簡單的舉措清楚顯示，變革開始了。接下來的那個月，大陸航空的準點率排名第一位。公司花了 250 萬美元發這筆獎金，但是因為航班準時到達而節約的 500 萬美元抵消了這筆支出。

在大陸航空的準點率持續位居前列後，高爾登調整了計畫，宣布要獲得獎金，他們必須進入前三名，但是他把獎金加到了 100 美元。這個新計畫本來準備在第二年1月分實施，但是當年12月分大陸航空的準點率就位列第一位。儘管新的獎勵計畫尚未實施，但是高爾登毅然向每個員工發了100美元的獎金。員工們歡欣雀躍，走廊裡迴盪著越來越多興奮的討論聲。他們意識到，在他們最近的記憶裡，這還是第一次，看起來管理高層確實在乎他們。

儘管大陸航空公司的復興還源於許多其他因素，但是準點率獎金向員工發出了一個清晰、可衡量的訊號：如果他們團結一致，那就會大有不同。「對一群知道得到65美元的唯一辦法是團結一致的人來說，65美元是感謝他們的好方式。」高爾登說，「從此以後我們沿用了這個方式。65美元並不多，但是有時對某種行為方式的改變表示認可，並不需要花多少錢。」

就像一個教練看到了對手的一場精采表演，其他航空公司也如法炮製。傑夫・麥克利蘭（Jeff McClelland）1999年接任美國西方航空公司（America West）的總裁兼營運總監。當時，美國西方航空公司正處於一片混亂之中：顧客服務糟糕，士氣低落，而且剛剛因殆於飛機維修而遭到聯邦航空局（Federal Aviation Administration）的罰款。傑夫從大陸航空那裡學到了一招。他說服他的新老闆——道格・派克（Doug Parker），只要公司在航班準點率排名上進入前三位，就向公司的每個員工發50美元的獎金。

他們又稍做改變，擴展了獎勵計畫：只要公司在準點率表現或顧客投訴最少排行榜上位居前三位，每個員工就可以得到50美元的獎金。不久後，美國西方航空公司就從排行榜的下游升至上游。毫不奇怪，士氣大增，公司恢復元氣。「我來這裡的時候，人們不願說他們在美國西方航空公司工作，他們沒有感受到管理高層的支持。」曾當過海軍飛行員，並是史丹佛MBA的傑夫說，「但現在，人們確實喜歡為美國西方航空公司工作。」

向別人請教

學習別人的成功經驗並不一定要偷偷摸摸的進行。約翰．詹森（John Johnson）1942 年創辦了他的新雜誌《黑人文摘》（Negro Digest）。此後他迅速意識到，這一行對他來說太難了。他以前從來沒有做過，所以不知道出版行業內部是怎麼運作的。約翰知道了他什麼地方不懂，於是就向 Time 集團的出版人亨利．盧斯（Henry Luce）請教。

約翰最終得以與亨利．盧斯會面。他向 Time 的這位出版人解釋說，他剛剛創辦了一份雜誌，想請教一些問題。於是，亨利．盧斯就將 Time 的編輯和各部門的業務經理召集到了一起。約翰在 Time 的紐約辦公室裡與這些專家進行了溝通，然後又返回芝加哥與 Time 發行部和促銷部的人開會。

通常，大多數創業者和企業領導者都會陷入這樣一個陷阱：以為自己無所不知，或者以為自己必須無所不知。當你跨足陌生領域的時候，你可能犯的最大錯誤並不是向別人請教。正是透過向業界人士請教，約翰吸取了發展自己新事業的寶貴經驗，避免了犯昂貴的錯誤。在他日後創辦《烏木》（Ebony）和《黑玉》（Jet）雜誌的時候，這些經驗和關係又幫助了他，得以繼續締造他的出版帝國。

Krispy Kreme 的 CEO 史考特．萊文古德，在將甜甜圈連鎖店擴張到美國東南部以外區域的時候，做了同樣的事情。他知道向全國擴張是一件棘手的事情，因此他專程拜訪了全國範圍內的飯店經營者和食品公司，問他們預計會怎麼樣、以前碰到過什麼問題。他花了三天時間待在伊利諾州奧克布魯克麥當勞總部，與二十名部門負責人交談。「他們非常樂意與我分享他們的最佳實踐。」史考特說，「我親自與每個主要連鎖飯店的 CEO 會面，學習他們的好經驗。」向其他公司學習所花的時間效果很好。在隨後的三年裡，他將 Krispy Kreme 從美國東南部的一個小店，發展成了在全國三百多個地方開有分店的連鎖店。後來，史考特在一個細分市場裡成功上市，同年，《餐廳與協會》（Restaurants & Institutions）雜誌將他評為「年度經理人」。

向別人請教不必僅限於行業內。你也可以拜訪與你沒有直接競爭關係的類似公司，從中學到很多東西。當勞倫斯．珀爾曼（Lawrence Perlman）於 1980 年代中期接管 Control Data 的磁碟機業務時，它嚴重虧損。在製造高品質低成本驅動器的日本競爭者的壓力下，Control Data 每生產出一個驅動器就虧一些錢。

為了了解如何改善製造流程，勞倫斯花了許多時間待在東京的豐田（Toyata）和日本精工株式會社（Seiko）的工廠，學習日本人的做法。他甚至讓普通工人和一線經理飛到日本，待上一週的時間，以便親眼看到日本公司如何運作。Control Data 仿效豐田和日本精工株式會社，砍掉了中間管理層，專注於團隊，並賦予各個團隊現場決策權。最終，勞倫斯帶領 Control Data 的磁碟機業務起死回生，後來賣給了希捷公司（Seagate）。

向行業外看

1980 年代中期，Target 的顧客服務得分越來越低，顧客越來越失望。此時，Target 的店鋪營運高級副總裁喬治．鐘斯（George Jones）意識到了這個問題，於是承諾盡力改進顧客服務。在花了數月時間對許多公司進行了研究後，喬治採納了迪士尼公司的顧客服務計畫。他模仿迪士尼的計畫，將顧客稱作「客人」，將員工稱作「團隊成員」。公司還建立了「Target 大學」，並對員工進行理解顧客動機和表現熱情態度方面的培訓。

就像迪士尼主題公園一樣，Target 在店內安排了更多的員工來為顧客提

供幫助。Target 放寬了以往導致顧客問題難以解決的嚴格規定，允許團隊成員在問題出現時依照常識去解決。喬治還意識到，公司高階管理人員店鋪巡視的舉動成了命令的標誌，使員工感到害怕，不敢回饋意見。於是，高階管理人員巡視改成了非正式的暗訪，事先不通知。Target 甚至還將其使命陳述從「自助服務」（self-service）改為「協助式自助服務」（assistedself-service），以反映公司的新方向。「他極為信奉迪士尼的觀念和培訓計畫。」Target 前 CEO 佛洛伊德．霍爾（Floyd Hall）解釋說，「所有的好點子都會被偷學過去。迪士尼當時被認為是顧客服務做得最好的公司之一，現在仍然如此。」

當通用磨坊公司（Generall Mills）尋求辦法，希望改進供應鏈營運時，其供應鏈營運高級副總裁蘭迪．達西（Randy Darcy）就向（美國）全國賽車聯合會（NASCAR）請教。通用磨坊生產 Cheerios、Wheaties、Yoplait Yogurt 和 Betty Crocker 四類食品，以前將生產線在兩類食品之間切換得花 4.5 小時的時間。在迅速切換方面，有誰比雲斯頓汽車大賽（Winston Cup）的後勤維修人員做得更好？通用磨坊公司從賽車後勤維修人員那裡學到的一個經驗就是，將生產線切換過程錄下來，然後讓全體團隊人員批評它，以尋求改進方法。最終，他們將生產線切換時間從 4.5 小時縮短到了 12 分鐘。一旦節省時間的點子在某個地方通過了測試，他們就將其應用於全公司。據蘭迪．達西說，從全國賽車聯合會學到的辦法，使通用磨坊公司節約了數百萬美元。

蘭迪繼續在不同尋常的地方尋找新點子。他將一組人送去與美國特殊武裝突擊部隊（SWAT）一起接受訓練，學習如何合作。基於那次體驗，通用磨坊公司改變了獎金計畫，將整個供應鏈囊括進來。以前，各部門的目標不同，比如，即使重量輕一些的盒子在生產過程中由於不穩定而更難使用，採購部門仍可能貪圖便宜而採購更薄的紙板。而在新系統下，無人能夠實現自己的目標，除非每個人都實現目標。

向最優秀的學習

你無法保有新點子的版權。當看到某個東西有效時，無論它是否在你的行業內，你都要考慮：如果它在你的組織裡，那會有什麼影響？蓋瑞．胡佛拷貝玩具反斗城的業務和配送點子，以及超市跑道，將 Bookstop 發展成了第一家圖書連鎖超市。他還「抄襲」了 Radio Shack 的點子，創建了第一張顧客忠誠卡。他透過研究其他公司，發現有效的點子，並將其應用於圖書銷售領域。

將雞蛋放進一個籃子裡

多元化可能是好事，但也可能很危險。當你看到汽車公司購買銀行、飲料公司購買飯店時，你的想像力就可能長上了翅膀，甚至成為協同效應最強有力的宣導者。如果冒險進入不熟悉的領域，不要期望成功自然而然。這並不是說你只應該有一種形象，但是堅持本業往往可能是非常有利的策略。

乍一看，一家漢堡公司、一家網際網路搜尋引擎公司和一家軟體公司沒有多少共同之處。但事實上，In-N-Out Burger、Google 和 Borland 都因為堅持同樣的策略而獲得成功：專注於一件事，將這件事做到極致。這三家公司都沒有試圖成為千面手迎合所有的人，而是一直專注於將一個核心領域做到極致，從而獲得成功。正如馬克吐溫所說的：「將你所有的雞蛋放進一個籃子裡，然後看好這個籃子。」

創造自己的特色

哈利．斯奈德（Harry Snyder）和艾絲特．斯奈德（Esther Snyder）1948 年開了他們的第一家漢堡店 In-N-Out Burger。當時，店裡沒有座位，而且也不像其他許多漢堡店那樣有免費接送車。他們裝了一個有兩個音箱的揚聲器 —— 許多人認為他們的店是加州第一家「得來速」（drive-thru）漢堡店。In-N-Out Burger 將品質放在成長前面，從一開始就堅持同樣的基本模式。哈利和艾絲特三年後開了第二家 In-N-Out，並將所獲利潤繼續投入進去，穩步擴張。

In-N-Out 的成功的令人吃驚之處，是它採取的措施似乎本來會限制它的發展。In-N-Out 的菜單上總共只有四樣東西 —— 漢堡、起司漢堡、雙起司雙漢堡肉和炸薯條，當然還有飲料、混合飲料和檸檬水。這就是全部。沒有甜點，沒有咖啡，也沒有早餐，更沒有其他東西。五十年來，In-N-Out 菜單上的東西沒有變得多種多樣，一直是僅有的幾樣，但是品質完美無缺。非要說的話，那唯一的變化就是過去十年中添加了一種新飲料。

公司那時乃至現在的哲學是：「為顧客奉獻他們所能買到的最新鮮、品質最好的食品，在一個絕對乾淨的環境裡為他們提供友好的服務。」In-N-Out 從來不提供冷凍食品。沒有什麼東西是放在加熱燈下的，實際上 In-N-Out 根本沒有加熱燈，也沒有微波爐或冷藏室。所有的都是按訂單製作，這意味著顧客得坐在那裡等一陣子。但是，他們似乎並不介意等，因為漢堡味道鮮美。長長的排隊證明，等待是值得的。

哈利和艾絲特沒有變換菜單或添加品項，而是將全部精力投入到品質、新鮮和服務裡。為了確保員工訓練有素，對顧客態度良好，In-N-Out 給員工的薪資大大高於行業標準，而且獎勵表現優異的經理去墨西哥坎昆和澳洲雪梨這樣的地方旅遊。In-N-Out 經理的平均在職年資是十二年，而整個食品零售業平均只有一年（根據加州餐飲協會的統計）；其兼職員工平均做兩年，行業平均水準是十個月。艾絲特早期曾在廚房工作，削馬鈴薯，手工製作漢堡餡。她對給員工支付更高薪資的解釋很簡單。「他們是你所見到的人，」她說，「他們拿走你的訂單，幫你做吃的。他們如此重要，因此你想讓他們高興，讓他們一臉燦爛的在那裡上班。」

如果問顧客 In-N-Out 怎麼樣，答案肯定是它將比它大的食品連鎖店比了下去。

1997 年，In-N-Out 成為《餐廳與協會》雜誌的一項調查的候選對象，第一年就被評為「全國最佳漢堡店」，儘管它只在加州和內華達有分店（現在在亞利桑那州也開了一家分店）。In-N-Out 繼續著它的成功，此後連續八年被評為最佳漢堡店，在食品品質、價值、服務、空氣和清潔衛生方面總是名列第一。斯奈德最初的品質、新鮮和服務使命仍然很有效，In-N-Out 在這三個方面都繼續領先。

每個速食業人士都羨慕 In-N-Out，卡樂星（Carl’s Jr.）連鎖餐廳的創始人卡爾．卡切爾（Carl Karcher）說：「我們每年都在努力推出新產品，而 In-N-Out 的菜單始終不變，但卻最受青睞。」正如 In-N-Out 所證明的，你菜單上的品項不必太多，也不必老是換來換去：將一件事情做到極致，就能培養出一批高度忠誠的顧客。

小改進，大成果

你不必提出一個推出某種新東西的新點子。實際上，基於過去經驗做持續改進，結果可能會更好。一系列小的改進其實常常導致大突破。卡拉威

高爾夫公司（Callaway Golf）以推出 Big Bertha 而聞名。Big Bertha 是一種可以改變高爾夫球面的球桿。但是，Big Bertha 的創新性其實並沒有那麼大。實際上，大部分改進是在以前設計球桿的過程中做出的，這為 Big Bertha 的成功鋪平了道路。

在格特和提姆在哥倫比亞公司書寫他們的成功的時候，同樣的故事在距它 2,000 英里的地方發生。伊利・卡拉威（Ely Callaway）在踏上他職業生涯最令人興奮的階段之前，已退休過兩次。第一次是從當時世界最大的紡織公司 —— 柏靈頓工業公司（Burlington Industries Inc.）的總裁位置上退下來，然後在南加州創建了葡萄酒釀造廠。傳統觀點認為南加州永遠產不出好葡萄酒。但是，卡拉威葡萄酒卻相當成功。1981 年，他將他的葡萄園以 900 萬美元的價格賣了出去，再次退休。

伊利享受著他的退休生活。打高爾夫的時候，他看到了一種用胡桃木做的挖起桿和推桿，看上去像小時候用過的漂亮木桿。但是，這些高爾夫球桿並不是老式的那種。它們的胡桃木裡有一個鋼柄。打完球後，伊利想道：「這種感覺絕對與以前任何時候的感覺都不同。」兩個星期後，他買下了美國山胡桃木球桿公司（Hickory Stick, U.S.A.）的一半股份。這是一個正在掙扎著求生存的小公司，生產那些特別的挖起桿和推桿。他將它的名字改為美國卡拉威山胡桃木球桿公司（Callaway Hickory Stick, U.S.A.）。

在接下來的幾年裡，公司緩慢而穩定的成長著。與哥倫比亞公司一樣，成功並非一蹴而就。伊利採用了他職業生涯早期成功的祕密武器之一 —— 有抱負和僱用聰明人。他聘請理查・赫爾姆斯泰特（Richard Helmstetter）擔任高爾夫球桿首席設計師。理查曾是日本撞球桿的設計師。他穩步開創出特殊製作（niche making）高性能高爾夫設備。1988 年，卡拉威將其合作夥伴的股份買了下來，將公司的名字改為卡拉威高爾夫公司，將公司重新安置在聖地牙哥稍北的卡爾斯巴德。

同一年，公司推出了一套新的鐵頭球桿，這種球桿的頭部設計是革命性的 —— 將球桿的重量轉移到球桿的有效擊打區域。第二年，卡拉威公司推出了其第一種金屬膠合木 S2H2（短直中空設計）。它們的大小與傳統的一樣，但是有一個全新的四面設計，再次改變球桿的重心，以使球桿的感覺更好。這個小小的改變真是非常重要。到 1989 年底，這種 S2H2 木桿在常青巡迴賽（Senior PGA Tour）上名列第一，卡拉威公司的銷售額增至 2,150 萬美元。

這時，伊利本可以停下來帶著榮耀退休。但是，高爾夫業界人士都知道，情況並非如此。伊利沒有沉溺於這些殊榮或者再次退休，而是繼續開創著他的成功。1990 年代早期，理查和他的研發團隊開發了一種製作不鏽鋼球道木桿的方法。與以前的設計相比，這種木桿有一個更寬大的球頭。它基於 S2H2 的成功設計要素，即改變重心以使感覺更好；主要區別是它有一個寬大得多的球頭和更大的桿面中心點，使得它更容易將球擊得更長、更直。伊利將這種球桿命名為「Big Bertha」，源於第一次世界大戰期間以遠程開火而聞名的德國大砲。

伊利相信他終於有了一個制勝法寶。他說：「我知道，如果一位 72 歲高齡的老人能夠用這種球桿得分，那任何人都能用它得高分。」他對這種新球桿極有信心，於是就用他自己的錢，從鑄造公司訂購了三十萬之多的球桿頭。「在 Big Bertha 之前，大多數人最害怕、最不想用、最不喜歡的高爾夫球桿就是木桿。我們使這種木桿更容易擊打，從而消除了對它的恐懼。」

銷售額在 1991 年飆升至 5,400 萬美元，1992 年飆升至 1.32 億美元。在常青巡迴賽、職業女子巡迴賽（LPGA Tour）和霍根巡迴賽（Hogan Tour，

後來改稱 Nike Tour）上都名列第一。「Big Bertha 木桿的發明，讓我們做了件重要的事。」伊利說，「我們改變了大多數高爾夫球手對木桿的態度——從恐懼轉變成愉悅。」

有了制勝法寶在手上，卡拉威公司繼續改進著其產品。伊利也繼續尋找新方法，為的是使這項運動對普通高爾夫球手來說變得更有樂趣。1994 年，公司推出了 Big Bertha 鐵桿，銷售額增至 4.48 億美元；1995 年，推出了新一代Big Bertha，稱做Great Big Bertha鈦桿。與原來的Big Bertha相比，這種新球桿有著同樣寬大的球頭和同樣長的桿身，但是整個重量更輕一些。銷售額增至 5.53 億美元，卡拉威公司成為木桿和鐵桿的頭號製作商。公司 1996 年推出了五種新產品，並隨後於 1997 年推出了 Biggest Big Bertha 鈦桿和 Great Big Bertha 鎢鈦鐵桿。公司的年銷售額達到 8.43 億美元。

透過持續改進並開創成功，伊利．卡拉威將一個在生存線上掙扎的特殊挖起桿製作小公司，發展成了世界上最大的高爾夫設備公司。如果某件事做得好，那就再如法泡製，乘勝追擊。在 S2H2 獲得成功後，他推出了 Big Bertha，從而改變了整個高爾夫行業。他一種產品接著一種產品的增加——基於以前的成功進行改進，並獲得下一個成功。最終，他將一個 700 萬美元的小公司發展成了 8 億美元的事業。

一樣的路，不一樣的人在走

旺堆是西藏鄉下的一個農夫。長期以來，人們都以為西藏商品經濟不發達，牧民缺乏自由經濟意識，但小牧民旺堆卻是一個例外。

1969 年，旺堆出生在西藏日喀則地區下轄的日暮縣農村。日喀則地區位居藏西北，與印度接壤。由於地勢險要，交通不便，人們的思想較為封閉。

旺堆一家世世代代都是牧民，他們日復一日的過著放牧的生活，牛羊就是一切。在旺堆的記憶裡，他的家族中還從來沒有人踏出過那片牧區。

1988 年，19 歲的旺堆對放牧的單調生活厭煩到了極點，他不顧父親要與他脫離父子關係的威脅，帶著東挪西借的 200 塊錢直奔拉薩，他想在那個聽說很繁華的地方找一份工作。

由於年輕力壯，旺堆很快便在一家建築工地上找到了工作。一天，他在街上閒逛時，一個漢族人指著他胸前掛著的綠松石說個不停。由於不懂中文，旺堆不知道他是什麼意思。一個過路的藏族人告訴他，那個漢族人對他戴的綠松石很感興趣，問他可不可以賣給他。旺堆趕緊點了點頭。捏著那 20 塊錢，旺堆愣了半天，他怎麼也不肯相信賺錢原來這麼容易！

旺堆想：既然綠松石這麼值錢，不如回家去收集一些拿到拉薩來賣！反正家鄉的河流中，這種自然天成、顏色品綠、上面長滿了各種花紋的石頭多的是，牧區的人都喜歡撈出來當裝飾品，但誰也不知道這東西能賣錢！

旺堆算了算，一個綠松石 20 元，十個就是 200 元……只要賺夠了錢，他就可以長期生活在拉薩這個繁華的地方！回到家鄉後，旺堆向周圍的牧民大量收購綠松石，然後將這些綠松石帶到拉薩，向漢族人兜售。旺堆只用了幾天時間，便將幾十塊綠松石賣了個精光，賺了上千元。手裡有了本錢，旺堆的膽子也越來越大。他看到拉薩店鋪裡有不少漢族人使用的小鏡子、梳子等商品，便買了一大堆，運回牧區兜售。牧民們對這些從來沒有見過的小商品十分好奇，大家爭相搶購。旺堆成了一個貨郎。他背著一個背簍，從拉薩走到日喀則、再從日喀則走到拉薩。

隨著時間的推移，旺堆不僅學會了漢語，還將自己的生意拓展到了家鄉的週邊地帶。到 1993 年時，旺堆已經有了三、四萬元的積蓄。如果在家鄉，

這筆錢可以買幾百隻牛羊，過上富足的日子。

在隨後經商的日子裡，旺堆注意到，隨著從各地到拉薩的遊客不斷增多，拉薩的旅遊商品市場開始興旺起來。凡是到西藏旅遊的外地人，都對牧民們的一些舊東西很感興趣。旺堆那時候還不知道這些舊東西就是古玩，他只是隱隱覺得，這裡有一個很大的市場空間。

於是，旺堆在拉薩市大昭寺前租下了一個很小的店鋪，專門銷售從牧區收來的古玩。古玩店開業不久，旺堆便和一個叫羅珠的藏族女孩結了婚。羅珠很有經商頭腦，成了旺堆的得力助手。旺堆經常把店交給羅珠來管，自己則到牧區挨戶收購「舊東西」。

幾年的貨郎生涯，使旺堆練就了一雙識貨的眼睛。他總是能在人家準備丟棄的垃圾裡發現寶貝，然後用很少的錢收進來，再抬高幾十倍賣出。由於對旅遊者的心理了解得相當透徹，他出售的東西都很特別，古玩店生意一直很好。到 1996 年，他的存款就已突破了 30 萬元，成了一個小富翁。

這時，旺堆發現大昭寺周圍竟開了幾十家古玩店！他想：牧區的舊東西畢竟是有限的，大家都跑去收購，又能維持多久？這麼多人都開古玩店，要分這一杯羹，一個人又能分到多少呢？

1997 年的一天，旺堆發現，自己店鋪對面的拉薩市掛毯廠開始變得熱鬧起來，門前總是站著幾個外國人，對著廠商擺出來的幾幅掛毯指指點點。最後，那些外國人都用高價買下了那些掛毯，並且一個個都像撿了寶似的高興。

旺堆知道，掛毯是每個藏族家庭都擁有的再平常不過的裝飾品，有極強的民族文化特色和較高的品味，加之便於攜帶，是旅遊者理想的購物種類。所有的掛毯中，又以手工製作的羊毛掛毯最為貴重。那些外國人買走的掛毯，並不是真正的手工藝品，而是機器生產的，遠沒有手工製作的掛毯精美耐用，過不了多久，上面的顏色便會褪去。旺堆想：現在全拉薩就只有一個廠商生產掛毯，而且是機器生產，如果自己開一個廠，專門生產手工製作的掛毯，生意一定會好！

旺堆立即對市場進行了調查。由於手頭沒有現成的手工掛毯進貨管道，他便將自己家裡掛著的幾幅掛毯全拿了出來，擺在店裡每幅標價都在 400 元以上。結果讓旺堆大吃一驚，那幾幅已經用過好幾年的手工掛毯，竟受到了遊客們的一致青睞，不到兩天的時間就全部賣出了！

手工掛毯的暢銷，讓旺堆吃了一顆定心丸。在最短的時間裡，他走遍了拉薩市的週邊縣區，收購手工掛毯在店裡出售。

由於手工掛毯經久耐用、色澤鮮豔，且久不褪色，剛剛推出就成了旅遊市場的新寵，旺堆的店裡經常出現供不應求的情況。但是，由於牧民們平時忙於放牧，無法抽出時間專門製作掛毯，收購很不順利，根本不能滿足銷售的需求。旺堆只好將希望寄託在自己生產上。他在拉薩租了廠房，招兵買馬，四處吸納會製作掛毯的人，還聘請了專門的設計師，設計了很多新穎的圖案。1998 年，旺堆位於拉薩市宇拓路一側的手工掛毯廠正式開始生產。

但是，旺堆的手工掛毯廠開業不久，就遇到了一個棘手的問題：廠裡的人平時工作都很拚命，但一到農忙時節，他們就嚷著要回家幫忙，使旺堆的掛毯廠關了半個月的門，損失了好幾萬元。

為解決這個問題，旺堆做出了一個大膽的舉動 —— 回到日暮縣農村自己家裡，招聘了二十幾個剩餘勞動力，然後請專門的掛毯師傅教他們製作掛毯。等一批人學會後，又招另一批人……就這樣，旺堆完成了他的人才培訓，從而度過了創業之後的第一道難關。

由於全拉薩只有旺堆這一家手工掛毯廠，廠裡的人要跳槽都找不到地方，所以，絕大部分人學會手藝之後，會一直留在掛毯廠裡工作。人員的穩定使掛毯產量有了很大提高，當應付一個店的銷售綽綽有餘時，旺堆就趕緊開第二個店。到 2001 年年底，旺堆在拉薩市一共開了六個店鋪，全部賣自己廠裡生產的手工掛毯。他的個人資產已經達到了好幾百萬元，被朋友們稱為西藏「掛毯大王」。

如今，旺堆的掛毯廠仍然是拉薩市唯一的手工掛毯廠，和另外兩家機器生產掛毯的廠商相比，產量低得多，但掛毯的品質和價格卻比他們高出了幾個檔次。旺堆生產的掛毯不僅由貨真價實的羊毛絨織成，而且上面的圖案也相當豐富，有牛頭、羊頭、布達拉宮、大昭寺等好幾十種。另外，旺堆還特別注重售後服務。他在銷售的時候向顧客承諾：所有掛毯如果在三年內出現褪色、大量脫毛等問題，可以拿來更換並給予賠償。所以，無論是拉薩市的顧客，還是外地的旅遊者，都對旺堆生產的掛毯讚不絕口。往往是一件產品還沒製作成功，便有顧客前來訂購。

由於到西藏來旅遊的外國人很多，這些外國人對展現了濃厚的西藏民族特色的手工掛毯一見鍾情，通常一個人要買好幾幅回去。這些外國人將旺堆的手工掛毯帶回國後，立即引起親友的興趣，於是，他們便打來越洋電話，寄錢來向旺堆訂購。這樣的越洋生意，旺堆一個月能接到好幾起。

看到外國人這麼喜歡手工掛毯，旺堆真想把店鋪開到美國和歐洲去。但只有小學教育程度的他知道，憑藉自己眼下的實力還做不到這一點。為了積蓄自己的力量，為將來打好基礎，2001 年 9 月，旺堆將年僅 10 歲的兒子登增昆金送到了美國念書。他希望兒子能在美國學有所成，以後成為自己的手工掛毯在美國的「總代理」。送兒子到美國念書，旺堆每年要花十多萬元，但旺堆認為這很值得，因為在經營過程中，他已經深深感受到了教育程度低對事業發展的制約。目前，旺堆正想方設法，準備在各地設經銷點，向各地喜愛西藏文化的朋友們推銷他的手工掛毯。旺堆已經不是當初那個走出牧區想找一份零工的普通牧民了，在十幾年跌跌撞撞的過程中，他的想法越來越開闊，已經徹底完成了從一個牧民到一個商人的轉變。旺堆在創造財富神話的同時，也證實了當年的嚮往和判斷是正確的:在日喀則一望無垠的牧區之外，果然有著更精采的地方！

思考：如何從相對中尋找財源

經濟學中有一個分支叫短缺經濟學。在商業上，一般來說短缺就意味著賺錢機會。旺堆牧區家鄉的綠松石非常豐富，河裡隨便撈撈就是一大堆，但想買面小鏡子、買個小梳子就非常不容易；拉薩城裡鏡子、梳子有的是，一堆一堆，但綠松石之類的東西則是稀缺產品。旺堆將家鄉的綠松石背到拉薩，將拉薩的小鏡子、小梳子背到家鄉牧區，將相對的豐富與相對的短缺來了一個對流，很容易就賺到了大把鈔票，完成了原始累積，這是對短缺經濟學最簡單的理解和最樸素的運用，成效顯著。

經濟學家說，貨幣只有在流動中才能產生增值，商品也是一樣。在流動中產生的這種增值，就是商人利潤的來源。

有「中國的猶太人」之稱的溫州人，最初生產皮鞋、服裝之類的產品只在本地賣，後來本地市場飽和了，他們就將這些產品帶到上海、北京等地，上海、北京又飽和了，他們又將這些東西帶往甘肅、青海、新疆。在這個過程中，很多溫州人發了大財，成了千萬富翁、億萬富翁。同樣，向上海銷售哈密瓜、葡萄的新疆人，向北京銷售西瓜、蔬菜的海南人，都有不少發了財

的。這是利用地區發展的不平衡和地區間的物產不同而賺錢的案例，其實利用的就是地區間在商品和物產上的相對短缺，和旺堆的故事有異曲同工之妙，但旺堆做得是雙向流通，和遠程貨車一樣，往返都拉貨，不空駛，所以賺錢要更快一些。

除了地區間的相對短缺可被有心商人們用來賺錢外，聰明的商人還善於利用同一地區豐富商品市場上品種的相對短缺賺錢。一般來說，利用地區間發展不平衡，物產和商品的相對短缺來賺錢，賺的多是苦力錢，是跑來跑去的辛苦錢，而利用同一地區豐富商品市場上的相對短缺品種來賺錢，則需要有更好的眼光和更高的智慧。首先，你需要發現哪些是短缺品種，這很不容易，在商品極大豐富的市場上，一個人很容易將眼睛看花，從而將目標看錯；其次，在很多情況下，你還需要親自動手製造這些短缺商品。但它的利益也是顯而易見的，因為是豐富商品上相對短缺的品種，所謂物以稀為貴，一般都能賣到比「大眾化」商品更高的價錢，使商人在同樣的時間段內，在同樣的體力、物力和資金投放下，能夠獲得更高的收益，獲得超過平均利潤的超額利潤。

以旺堆做手工掛毯而論。一般人如果看見別人在做機製掛毯賺了錢，也會跟著做機製掛毯，這是大多數人都會有的從眾心理。旺堆卻是反其道而行之，你做機製毯，我就做手工毯，既避開了同行間的競爭，相互殺價；又使產品出現差異化。而且從文章中我們可以很清楚看到，相對機製毯，手工掛毯是稀缺品種，所以，旺堆能夠賺到比一般人更多的錢也是理所當然的事情。

如果你是一個目光深遠的人，從旺堆的故事中你就可以學到許多東西，而不只是簡單的看一個熱鬧。

大學生兄弟開皮革店：自己做，自己賣

有兩位大學生兄弟開了一家店，才開張短短一個多月就已名聲在外。據老闆自己介紹，當地各大時尚報刊和雜誌爭相為其做「免費廣告」，還有外國人拿著雜誌上寫的地址找上門來，而時髦的青年男女更是不會放過一飽眼福的機會。到底是什麼店這麼神奇？

小店只有三、四坪，店面門楣中央掛著一塊玻璃，上面刻著一個「樹」字，兩旁則象徵性的插了一些樹枝。店面兩邊的柱牆本來由一塊塊完好無損的紅磚砌成，卻硬是被砸得七零八落，還被塗成了銀灰色。看似隨意的手筆，其實頗具匠心。店堂裡的裝修也散發出藝術的味道，店堂三面牆都被塗成銀灰色，上面再用刷子蘸上黑墨彷彿兒童塗鴉般亂塗一氣，但整體看起來卻頗有藝術氣息。更難得的是，這樣的店面裝修總共才花了幾千塊，真是羨煞諸多店老闆。從這樣有個性、夠時尚又經濟的店面裝修可以推測店主人絕非平庸之輩。

頂大畢業生「下海」

過往的路人很容易被奇特的店名「樹」所吸引，到底是賣什麼的呢？好奇的人們總會走進去看看。原來這是一家賣皮革製品的店，有各種式樣的包、皮帶、錢包和相框等等小物品，都是用牛皮革做成的。更為重要的是，這裡所有的皮革製品都是店主人親自設計、裁剪和縫製的，用一位外國人的評價，是絕對的「原創」(original)。

這裡的包沒有名牌包光鮮亮麗的外表，也不像所謂的名牌包，款式總是千篇一律，它的樣式不會規規矩矩，方方正正，可能是店主人無意中看到的一塊邊角料，不加剪裁便縫製在一起，也可能是不同紋理和不同顏色皮革的

巧妙搭配。如果把所謂的名牌包比作貴族小姐，端莊典雅，這裡的皮革製品就像是吉普賽女郎，處處散發著野性的魅力。

每一款皮革製品都是店主人當時的靈感和心情的結晶，這裡沒有複製和模仿，更沒有成批量生產，只有屬於你的「original」。那麼這家店主是何許人也？

這家店主是一對親兄弟，哥哥叫阿海，弟弟叫小峰，都曾就讀於某頂大美術學院裝潢藝術設計系。

如今的大學畢業生不去當高級受僱者，而是自己開店當小老闆，真是少之又少，能想到的人不多，想到了有勇氣去實踐的人就更少了。頂大畢業的學生找一份較好的工作根本不成問題，兄弟倆怎麼會想到去開店呢？

兄弟倆的父親在老家開了一間小小的皮件廠。都考上了美術學院的倆人放暑假回到家閒著沒事，總會利用學到的設計知識，用皮革做一些小東西，比如一雙拖鞋、一條皮帶、一個包等等。慢慢的，越做興趣越濃，哥倆就試著帶了一些自己設計和製作的皮帶到市區街上，讓裡面的店老闆代售，結果都被賣出去了，兄弟倆大受鼓舞。

不過當時兄弟倆還沒有開店的打算。哥哥阿海畢業後進了一家房地產公司做廣告企劃，可是枯燥的上班生活無法發揮自身的創造性，阿海覺得這份工作不是自己想要的。隔年，弟弟小峰也要畢業了，可是小峰卻並不想找工作。於是兄弟倆一討論，決定運用自己的專業知識，設計製作皮革製品，當一回小老闆。

開店一波三折

一開始，兄弟倆打算在臺北市開一間小作坊，自己設計製作皮革製品，然後請人代理銷售。然而，市區的房租太貴，為了節省房租，兄弟倆把小作坊開在了稍遠的郊區。然而由於剛開的小作坊沒有名氣，店老闆們對手工製作的皮革製品的市場銷量沒有信心，不願代理。另外，此類物品的消費族群很少。或許還有初下商海的緣故吧，總之，結果就是好不容易籌集來的 10 萬元資金基本上打了水漂。

困境之中，剛好臺中的朋友來看望他們，覺得他們製作的東西很有特點，便決定帶一些產品回臺中，讓臺中的店老闆們試銷，試銷的結果還不錯。這給了掙扎中的兄弟老闆一絲啟發，「走投無路」的兄弟倆就這樣轉戰臺中。

8 月初，兄弟倆到了臺中，由於對臺中市場沒有底，已經嗆了一口水的兄弟倆還是想走請別人代理銷售的方式。臺中的店老闆也和臺北的一樣，覺得兄弟倆做的東西不錯，不過和正宗的名牌貨比起來顯得粗糙了些，而且又沒有名氣，擔心挑剔的顧客無法接受，擔心市場銷路有限，不願代理。兄弟倆第二次陷入困境。

不過在朋友一家小鋪搭售的結果，讓兄弟倆看到了自己產品在臺中市場的潛力。春節過後，在臺中輾轉了半年的兄弟倆，終於決定再賭一把 —— 從親戚朋友處籌集了一筆資金，在臺中開一家店，自己製作，自己銷售。

要開店，首先要找一個好的店面。找店鋪的經歷也三番五折。一開始，兄弟倆想在上班族匯聚的一帶開。但幾天苦苦尋覓的結果卻是：租金太貴，初創期風險太高，另一方面也沒有合適的地方。

有一天，哥哥偶然發現某書店的對面正好有一個小店面在招租。店面雖小，但店租不貴，只要 5,000 多塊。兄弟倆當時覺得，這條街聚集了許多出版公司，文藝氣息濃，經常有一些眼光獨到的顧客直接付了一年房租，先把

店開起來再說。

或許是為了考驗這對兄弟，才裝修，就倒楣事不斷:那幾天剛好下陰雨，整條街冷冷清清的，很少人經過；附近熱心的老先生老太太告訴這對兄弟，這家店鋪曾經開過鮮花店、水果店等各種店，結果都才開門就關門 —— 因為人流不多，沒有生意。

兄弟倆動搖了，想退租。但房東不願意把好不容易賺到手的一年房租退掉。退租沒門，兄弟倆只好硬撐著了。

原創風格，備受青睞

沒想到開店第一天就出乎意料，立即有兩筆生意入帳。某出版社的員工訂製了一個皮包；一個路過的美國人也進來光顧了一筆生意，而且對他們的原創風格讚不絕口，認為很有市場。這為兄弟倆開拓了思路：外國人或許是一個大的客戶群。

一個月的經營也證明了這一想法：40%的營業額來自外國顧客。這些老外有的是路過巧看到就走進來的，有些是到當地旅遊的，有的則是拿著介紹小店的雜誌專程找上門來的。

阿海告訴記者，有兩個法國在臺協會的工作人員，按圖索驥找上門來 —— 一本連老闆自己都不知道的法國雜誌介紹了這個新生兒。

此後，那些嗅覺靈敏的時尚雜誌就開始輪番上門，小店的生意很快紅了起來。

小店的特色裝修也幫了老闆不少忙，尤其是那個店名「樹」總引起別人的好奇。路過此處的時尚男女，經常光顧對面書店的顧客，因為對面開了這麼一家「囂張」的小店，都忍不住順帶過去瞧瞧。

時尚男女的資訊總是最快捷的，他們覺得好，就會在自己的圈子內迅速流傳開。一傳十，十傳百，顧客群就逐漸大起來。

小店的生意經

小店雖小，但貨品不少。最常見的就是各式各樣的手提包、斜背包、錢夾、皮帶，還有一些就是皮製小飾品，如書衣、相框、筆筒、梳妝盒等。當然如果你有什麼特殊物品，這家店也可以按需訂做。

因為是原創，價格自然不菲。像手提包、斜背包，一般都在 1,000 元以上，貴的可達 3,500 ～ 4,000 元。而皮帶一類物品，多在 500 ～ 1,000 元之間。其他的一些小物件，價位在 200 ～ 500 元之間。整體毛利潤在 150%以上。

不過兄弟倆覺得，不應該把他們的創作和流水線做出來的工業製品相提並論。在知識經濟時代，創意才是最有價值的。和自己的創意比起來，現在的定價還是偏低。只不過處於開張階段，考慮到招徠顧客的需要，才定此價位。

小店 3 月 15 日開張，第一個月營業額 5 萬元左右。前期投資大約花了 15 萬元。至於每個月的開銷，大概有以下幾項。首先，兄弟倆租了一間房子作為手工作坊，每月租金 5,000 多塊。手工作坊購置了一整套製作工具，定期購置的原材料，像皮革、配件等，也需要一筆不小的開銷。手工作坊請了一位工讀生，每月薪水 5,000 元左右，看工作量而定。店租每個月 5,000 多元。還有就是稅收，一個月約要 2,000 ～ 2,500 元。電費、電話費等雜項，每月在 500 ～ 1,000 元。這樣算下來，開張第一個月就開始獲利了，雖然賺的不多，但畢竟是好兆頭。

阿海告訴記者，兄弟倆下一步打算進一步打響小店的品牌，比如，建一個相關的網站。如果這家店經營得好，他們還打算在其他地方再開一家店。阿海對自己的未來充滿自信。

一把花剪剪出個千萬富姐

一個大學畢業的女孩，找不到符合專業的工作，她該怎麼辦呢？是被動的苦等，還是委曲求全的隨便找一份工作打發日子？胡昕，開一個小小的裁縫店，短短幾年間，居然把分店開到了香港、義大利，總資產達到了 6,000 多萬元，連鞏俐等知名人物都穿上了她製作的服裝！

巧勁起家，辦起「多一點點」的「裁縫店」

22 歲的胡昕從服裝設計系畢業後，一時找不到合適的工作。爸爸和媽媽鑽門路，找熟人，卻還是沒能幫她找到符合科系的事做。在此後半年多的待業日子裡，胡昕逛大大小小的購物中心和服飾店時，總是難以買到一件喜歡的衣裳。聰慧的她不禁想：現在的服裝都是大批量生產，缺少個性化，可哪個愛漂亮的女人不希望自己所穿的衣服是獨一無二的？既然難以找到合適的工作，我何不乾脆開家裁縫店，自己設計、裁剪、縫紉，專門替人量身定做，做個當地最獨特的女裁縫呢？

拿定了主意，胡昕就纏著媽媽要了 25 萬元「啟動資金」，開起了服飾店。

開張的第一天，生意就來了。一個音樂學院的女小提琴手要出國演出，因為長得瘦，逛遍了當地的百貨公司和服飾店，始終沒買到合適的衣服。逛到胡昕的店後，看了一些樣品服裝，她很喜歡，可挑來試去沒有合身的，於是皺著眉頭問：「能量身定做嗎？」胡昕驚喜的回答：「能！我專門量身定做呢！」小提琴手提出了特別的要求：必須既展現出藝術家的身分，又有民族風格，款式得是獨一無二的絕版型！

胡昕替小提琴手量好了全身的三十幾處尺寸，十多天後，終於做好了這第一套自己設計的中西結合的旗袍。女小提琴手非常滿意，居然定做了兩套，每套付款 5,500 元！女小提琴手一離開小店，胡昕就樂得叫開了：「開張大吉！哇噻！」

可怎麼在多如牛毛的服裝店中脫穎而出呢？胡昕苦苦的想著辦法。她想：人們常說「人無我有，人有我新」，那我就凡事別出心裁的增加「一點點」，把這當作自己起步、發展的「生意經」！

她在款式上追求「早一點點」。手工量身定做本來就獨樹一幟，可她還發想設計出把可能會流行的時裝、民族服飾和日常衣著結合起來的款式。這樣「早一點點」雖然意味著要承擔風險，可也意味著觀念上的超前和引領潮流，更意味著搶先抓到商機。

看到鞏俐穿著紫紅的貼身旗袍名揚坎城電影節，而唐代服飾極富民族特色又適合日常禮儀，胡昕的靈感來了。她想，物極必反，西式服裝張揚一段日子後，終究會回歸傳統。於是，她把旗袍和錦緞唐服（那時還沒有「唐裝」的叫法）作為主打款式。同時，她在當地率先推出以色彩顧問為主的形象諮詢服務，幫助顧客在特定的場合選擇與自己的膚色、體型、氣質相般配的衣服……不久，「唐裝」果然盛行起來。「早一點點」的經營策略成功了，胡昕的唐裝頓時走紅。

在款式創新的同時，胡昕又考慮如何讓顧客成為「回頭客」。她想：我再「勤一點點」，主動想顧客之所想，急顧客之所急，讓他們只買一次衣服就把我當朋友！

一天，一位女性顧客來選購新娘服。女顧客沒有挑中合身的，著急的

說：「款式倒是看中了，可都不合身，定做又來不及，後天結婚時穿什麼呢？」胡昕同情的說：「我幫妳把不合身的地方都改一改，明天晚上以前趕出來，好嗎？」女顧客說：「好是好，可我住在很遠的郊區，哪有時間再來拿啊？」幫人幫到底，胡昕讓女顧客留下地址，決定改好後送上門去。次日天黑時，胡昕改完了新娘服，準備把衣服送去給女顧客。可出了店門，這才發現天下起了雨。天黑路遠，又是獨自去遠郊，她乾脆叫了計程車。然而按照地址到了郊區，車子卻難以開往女顧客所住的區域，忘了帶雨傘的她只得下車淋雨跑過去了。一路沒有電燈，她提心吊膽的到了女顧客的家門口，可女顧客竟然不在家！她全身溼透的蹲在門口等啊等，十五分鐘過去，半個小時過去……兩個小時快過去時，女顧客這才回家！一邊道歉，一邊試穿了衣服，女顧客喜不自勝的說：「沒聽說有做好了衣服還送上家門的啊！妳可幫了我的大忙了！謝謝！謝謝！我加 1,000 元吧！」看到女顧客如此滿意，胡昕心裡湧起了助人為樂的快慰，她連忙說：「不用！不用！以後，妳和妳的朋友們要是再需要量身做衣服，就到我那裡去，關照關照我就行了。」這件事，被女顧客一傳十、十傳百的傳開了，讓胡昕獲得了好名聲。此後，不斷有人慕名來找她定做衣裳，有的最初只是好奇的來看看，可看後卻動起了定做的念頭。

這樣一來，胡昕覺得自己必須做得更好了，否則就對不起顧客的信任。可是怎麼樣才能好上加好呢？她想，那我就在以前的基礎上再「多一點點」。於是，儘管從選料、進貨、設計、量體到裁剪、縫紉、修改、收銀，全是她一個人，忙得不可開交，可是即使替一般顧客做一件普通的衣服，她都要想方設法的比一般的款式增加一點點不一樣的東西。人們都覺得新娘服是一次性的「浪費」，在婚禮上穿過後，若是平時再穿到大街上，肯定會被人嘲笑，於是往往穿了一兩天，就永遠壓在了箱底。胡昕卻把新娘服設計、縫做得花邊可以拆，剪花可以摘，顏色稍微深那麼一點點，一件上衣配上兩條裙子，使得新娘子結婚後在平時也可以穿。然後，胡昕推出售後服務，對每一個顧客都留下詳細的姓名、住址、電話、肩寬、袖長、腰圍、頸圍等資料，可以免費為顧客修改；對定做了貴一點的特色服裝的顧客，發放優惠卡，第二次再來定做或買成衣時，可以減免 1,500 至 2,500 元費用等等。

如此「早一點點」，「勤一點點」，「多一點點」，胡昕留住了顧客的心，上門來定做或買成衣的人越來越多，就連國外都有人專門到她的小店定做結婚或晚宴禮服，甚至有服裝廠主動找她下 50 幾萬元的加工訂單。趁此機會，胡昕購進縫紉機，招募了第一批員工，成立了一個小服裝廠，還專門設立了一個設計工作室。

把「裁縫店」開到香港、義大利

一年秋天，胡昕意外接到了香港服裝節發來的邀請函。一個小小的女裁縫，有必要費時費財去參加服裝節嗎？媽媽對她說：「算了吧。妳把自己的小店經營好就行了，趕那個時髦做什麼？走都沒學會呢！」

胡昕卻堅持去香港，認為那是引領華人服裝潮流的尖端。到了香港，她發現華人在相當重要的場合都喜歡穿唐裝。而且，香港的手工唐裝一件能賣到 5,000 港幣。胡昕決定在香港開服裝公司。

同年 12 月，胡昕的香港分公司開張了。然而，胡昕發現了很多先前沒有想到或是遇到的問題！香港的房租奇高不說，僱人的成本也特別高，一個普通員工的月薪就要 2 萬港幣！最頭痛的是香港的管理與臺灣差異太大，員工下班後就完全與老闆沒有關係了。

所幸的是，公司剛開業，胡昕就順利的接到了第一單生意。一個 30 多歲的瑞士籍女士要參加一個聖誕派對，看到胡昕公司擺設的中式精品特色服裝樣品後，提出定做一套中式晚裝。這個瑞士女士身材高大，腰圓肩闊，若是穿上柔和窄小的中式線條旗袍，顯然不倫不類。胡昕思來想去，為她選擇了織錦緞式面料，設計了中式的上裝，下裝則是配上 A 型下擺的拖地西式禮服。瑞士女士拿到這套服裝時，高興得連說「OK」，當即準備支付 6,000 港幣的製作費。胡昕說：「妳是我公司開業的第一個顧客，可以享受五折優惠！希望妳和妳的朋友以後能經常光臨我們公司。」瑞士女士樂得合不攏嘴。不久，這個瑞士女士果然為胡昕帶來了一批要求定做精品服裝的顧客。

就這樣，胡昕在香港的業務順利展開了。此後，胡昕每年都要參加香港的服裝節，把她所設計的特色服裝拿去參展。她不斷的創新款式，讓參展的國外服裝商們驚嘆不已，紛紛要求做她的境外代理。精明的胡昕覺得自己的生產能力還不夠，眼下只能先造勢，提升自己的品牌影響力，然後再圖發展。

胡昕的想法成功了，她的中式精品特色服裝在香港的影響力日益增強，數家公司甚至把過年過節的喜慶服裝全權委託給她來做。以前，她接下的大宗訂單一般只有 100 萬元左右，而那一年，一家知名大企業一下就給了她一筆 500 萬元的訂單！

生意越來越好，胡昕先後成立了製衣廠、形象設計工作室和模特兒演藝中心，並在多處設立了分店，當初的小小服飾店也變成了服飾有限公司。後來，她又在義大利開設了分公司。如今，她的公司總資產已經超過了 6,000 多萬元！

第五章　商海沉浮：看我七十二變

商海無情，成敗也就是轉瞬之間的事情，要想在無情的商海裡搏擊，並獲得成功不是一件容易的事情。有多少成就也會有多少起起落落在跟隨，所以在生意場上要有所作為、有所建樹，就要時刻保持清醒。

機會面前要有一顆果敢的心

對於商人而言，商機是利潤的來源。抓住商機，便可贏得財富，反之，則無法在商界中立足。

廣東商人非常具有商業頭腦，他們行事果斷，識別、捕捉商機的能力很強。一旦發現市場中的商機，便毫不猶豫，立即出手，將商機轉化為自己的利潤資本。

眾所周知的粵籍富商霍英東的商業成功便是一個很好的證明。

1950 年代，在長達四年之久的韓戰期間，由於聯合國在美國的干涉下對中國實行禁運。香港的各種物資，尤其是可作軍用的物資，都被禁止運入中國。當時，就連可以製作槍枝的無縫鋼管也被英國人列入了禁運名單之中。鑑於此種情況，霍英東當機立斷，籌集大額資金，購買各種無縫鋼管，而後用轉手貿易的方式經由澳門運至大陸。在短短的幾年內，霍英東賺取了大筆利潤。

1960 年代，在霍英東經營房地產的過程中，他敏銳的察覺到房地產業的蓬勃發展，必然會造成對海沙的大量需求。而在當時，由於淘沙業投資浩大，風險十足，又需要大量勞動力而見不到明顯的成效，所以這個行業基本上很少有人跨足。但是，霍英東認為，海底淘沙不僅可以獲得大量建築用沙，支持房地產行業，而且可以挖深海床，填海造陸。思及此，他便大膽果斷的採取行動，他先派人前往歐洲著名廠商訂製了先進的淘沙設備，然後又高價購進大型挖泥船。當這些設備購回後，所有人都替他擔心，這麼龐大的投資，一旦失手，足以使他傾家蕩產。但是，事實證明，霍英東的決策是正確的，他準確的找到了市場的商機。隨著地產業的蓬勃發展，霍英東名下的「有榮船務公司」生意興隆，賺取了源源不斷的利潤。

商場如戰場，商人能否及時洞察市場的需求變化，捕捉準確的市場訊息，並根據所得資訊及時調整經營方式以及產品本身，都決定著商人是否能夠在市場中占據優勢，掌握主動權。

如何用最少的成本創造最大的價值

有了好的贏利模式也不一定會贏利，財富是一點一滴累積起來的，企業也是從賺到第一筆錢而走上成功之路的。如何賺取第一桶金呢？世界上眾多的知名企業家為我們提供了答案。

投入自己最熟悉的行業

賺第一筆錢要從自己最熟悉的行業開始，這樣，就不用在一個陌生的領域浪費時間，這是一筆交不起的學費。世界首富比爾蓋茲便是在自己熟悉的行業中成功的傑出例證。微軟公司在今天已是世界資訊業的巨無霸，而比爾蓋茲迄今為止也只擁有這一家公司，他從未做過與電腦無關的生意。

勤奮是所有企業家成功的法寶

「艱苦」和「創業」往往是連在一起的，創業伊始，資金短缺，規模過小，沒有知名度，大企業排擠等會困擾小生意。金利來領帶現在已是世界名牌，曾憲梓的發家卻是充滿著艱辛，曾一度推著小車在購物中心門口和大街小巷叫賣他的領帶。正是經過了這樣的不懈努力，他完成了一次又一次的超越，才有今天的成功。

發現身邊的機會

美國著名的企業家哈默曾經賣掉自己苦心經營多年的藥廠，這在當時令同行感到不可思議。

藥廠雖然競爭激烈，但是前景被人看好，而且利潤也十分誘人。哈默對

此的解釋是：「我不喜歡專注賺明天的錢，而是在乎眼前，你可以說我目光短淺。但是，這需要時間。」

退出醫藥業後，哈默做了一個更為令人吃驚的舉動，他到了當時政局混亂的蘇聯。蘇聯因為十月革命後，地區之間戰亂不斷，許多地方瘟疫流行，特別是糧食缺乏，許多人被活活餓死。哈默在這裡發現了一個令他欣喜的訊息：蘇聯的農夫因為擔心時局，把糧食堆在家中不肯出售，而另一部分人卻購買不到糧食，他們的購買欲十分強烈。

哈默開始從美國運來大量的小麥，他的舉動被人們稱為「班門弄斧」，因為蘇聯大量種植小麥，長途運輸來的小麥在蘇聯根本沒有競爭力。

但是，人們的想法錯了，哈默的小麥成為蘇聯人心目中的「定心丸」，銷售量高得出人意料，他換取了蘇聯的大量毛皮和白金。

1921 年，哈默在莫斯科官方的報紙上看到蘇聯即將進行一次全國性的掃盲運動，這則新聞看過後，他並沒有往心上去。但是，當他準備回國的時候，卻意外的發現蘇聯商店中的鉛筆很少，而且價格很貴。

哈默產生了一個大膽的想法，在蘇聯辦一個鉛筆生產廠。他很快得到了蘇聯當地政府的同意。他在蘇聯的舉動令朋友們大惑不解，並為他擔心：可憐的哈默，莫非是被「伏特加」灌昏了頭腦，他怎麼會想到只需要 2 美分一枝的鉛筆。

哈默從德國法伯鉛筆公司高薪聘了技術人員，很快就把鉛筆生產出來了。

第一年他就獲得了 250 萬美元的純利，第二年達到了 400 萬美元。哈默就是憑著一枝小小的鉛筆，讓他名聲大振，並累積了最初的原始資本。

造物主總是把世上的許多事情弄得十分神祕，一些平常的東西，往往會產生另外一種神奇的結果。難道這是上蒼給我們的啟示，真正的財富不在遠處，而往往存在於你目光能及的幾步之內。

據說哈默總結了有「世界富族」之稱的沃爾頓家庭成功的一句話：如果身邊的財富也發現不了，也許，你一切都完了。

幸運並不是一件簡單的事

你是不是經常為找不到新的方式來經營自己的小店或創造不出新的產品而憂心忡忡呢？請看以下事例，你將得到啟發。

對喜愛偵探小說的讀者來說，也許十分熟悉倫敦貝克街 221 號 B，這是英國著名偵探小說家柯南道爾塑造的神探福爾摩斯住的地方。

儘管柯南道爾已經去世多年，福爾摩斯更是根本不存在的人物，但倫敦「貝克街 221 號 B」每年都要收到許多來自世界各地的福爾摩斯崇拜者的信件。

一位聰明的倫敦商人見福爾摩斯的地址如此深入人心，他感到商機來了，可以利用「福爾摩斯效應」做一番事業。於是他不惜本錢買下這塊地皮，辦起了一家汽水廠。生產的汽水以「221-B」命名，商標上還印有福爾摩斯叼著菸斗的頭像。

結果，「221-B」汽水一經上市便暢銷整個倫敦市，喜歡福爾摩斯的市民們都說：「喝了 221-B 汽水，會像福爾摩斯一樣聰明。」

「221-B」汽水的成功完全得益於這位商人的聰明才智和對於商機的把握。

「迴紋針」是辦公室裡最常見的物品，但很少有人知道在發明「迴紋針」之前，還有一段趣事。

克朗寧失業在家，一家八口的生活全靠妻子替人洗衣服來維持。有一天，克朗寧教兩個孩子識字，忽然來了一陣狂風，把桌上的紙吹走了。他蹲下去撿紙，無意中產生了靈感，他想，如果造一個小夾子把紙夾住，紙就不會被風吹走了。

於是，他找來了一根小鐵絲扭成一個迴紋夾子，夾在一疊紙上，居然把那些紙夾得牢牢的。透過這件事，他想到了製造迴紋夾的方法，於是求妻子借來 25 塊錢，買了些簡單的材料，製成一架小型的手搖機器，購進幾十磅鐵線，開始製造迴紋夾。新的產品比其他的夾子價廉、方便而且用處很多，產品上市後很暢銷，訂購迴紋夾的文具店越來越多。有些老闆還親自來到貧民區找他訂貨。迴紋夾的銷量也由兩個星期售出 60 磅，變為一天銷出 600 磅。

八年後，克朗寧變成擁有八家大工廠的「迴紋夾大王」，他告別了貧窮，靠的僅僅是一陣突然吹來的狂風。

機會錯過了就不會再來

人的一生中，一次偶然的機會，導致了偉大而深刻的發現，使科學家功成名就；一個突如其來的機會，使有的人大展才華，做出一番驚天動地的事業，從而名垂青史；甚至一次意外的變故，竟影響了一個人的整個生涯，對他的發展產生著轉機作用。這樣的事例不勝枚舉。

但是抓住機會並不是任何人都可以做到的。能不能預見機會的到來，能否在它來臨之際抓住它，都取決於你是否具備一種能力，是否具備敏銳的感覺和先見之明。

希爾頓 32 歲時到德州準備做最熱門的職業，但他的資金只有 37,000 美元，用於採油顯然不夠。他帶著失望和疲憊進入一家旅店，發現旅客爆滿，而老闆卻不願意繼續經營。希爾頓僅僅在與老闆談了幾句話、喝了一杯酒後，就斷然決定用 10 萬美元買下這家旅店，開始了龐大的希爾頓集團的創業史。一次偶然的機會，成為希爾頓命運的轉捩點。

這次偶然的機會，希爾頓改變了自己的命運。但是如果希爾頓不去德州，或者在旅店老闆出賣旅店時，希爾頓設想：生意這麼好，老闆為什麼要賣掉它呢？或者擔心 37,000 美元投入「無底洞」。假如上述「如果」變為現實，希爾頓就不會成為後來的希爾頓了。

經商有自己的特色才會成功

當你對現實不滿時，將採取什麼態度？大發牢騷還是努力去改變現狀？大發牢騷只是無能的表現，正視現實，並積極尋求改進方法，才是智者所為。

加藤信三是日本獅王牙刷公司的小職員。作為一個小職員，儘管他在前一天夜裡加班，很晚才回家休息;儘管他頭暈目眩，還想著美美的睡上一覺，但是他必須馬上起床，趕到公司去上早班。起床後，他匆匆忙忙的洗臉、刷牙，不料，急忙中出了一些小亂子，牙齒被刷出血來！加藤信三不由火冒三丈。因為刷牙時牙齒出血的情況已不只一次的發生過了。情緒不好的他懷著一肚子牢騷和不滿衝出了家門。

作為一個牙刷公司的職員，數次刷牙牙齒出了血，加藤的不滿情緒越來越大。他怒氣沖沖的朝公司走去，準備向技術部門發一通牢騷。

走進公司大門時，他的腳步漸漸放慢了。當他冷靜下來以後，和同事們想出了不少解決牙齒出血的好辦法。他們提出了改變刷毛的質地、改造牙刷的造型、重新設計刷毛的排列等各種改進方案。經過論證後，逐一進行實

驗。實驗中加藤發現了一個為常人所忽略的細節：他在放大鏡下看到，牙刷毛的頂端由於機器切割，都呈銳利的直角。「如果藉由一道工序，把這些直角都銼成圓角，那麼問題就完全解決了！」同事們一致同意他的見解。經過多次實驗後，加藤和同事們把成熟的方案正式提交公司，公司很樂意改進產品，迅速投入資金，把全部牙刷毛的頂端改成了圓角。

改進後的獅王牌牙刷很快受到廣大顧客歡迎。對公司做出龐大貢獻的加藤從普通職員晉升為主任，十幾年後成為公司董事長。

你也能抱著財富入睡

美國運輸業龍頭、著名企業家范德比爾特在汽船行業看到了自己的機會所在。他認定自己要在汽船航海方面發展事業。他的這一決定讓家人和朋友十分震驚。他竟然放棄了原本已經蒸蒸日上的事業，到當時最早的一艘汽船上去當船長，而年薪僅為 1,000 美元。當時，富爾頓已經獲得了用汽船在紐約水面上航行的專有權。但范德比爾特認為，這項法令不符合美國憲法的精神。他一再要求取消這個法令，並最終獲得了成功。不久之後，他擁有了一艘自己的汽船。

在當時，政府為往來歐洲的郵件要付出大筆補貼，然而，范德比爾特卻提出他願意免費送郵件並提供更好的服務。他的這一要求很快就被接受了。靠著這種方式，他很快建立起一個龐大的客運與貨運體系。後來，他預見到，在美國這樣一個地域遼闊、人口眾多的國家，鐵路運輸將會大有可為。於是，他積極投身到鐵路事業中去，為後來建立四通八達的范德比爾特鐵路網奠定了堅實的基礎。

約翰．洛克菲勒在石油行業預見了機會。他注意到，這個國家的人口如此眾多，卻只有極少數人在用電燈。這裡石油儲藏非常豐富，然而由於石油冶煉加工方法十分原始，產量非常低，使用起來也不安全。而這正是他的機會所在。

他先是找到了一個合夥人，一個與他共同工作過的維修工人安德魯。在西元 1870 年，利用他的合夥人發明的新的冶煉加工方法，洛克菲勒冶煉出了他們的第一桶石油。由於石油品質好，生意很快好起來。後來，他們又增加了一個合夥人，名叫佛萊格勒。

但是過了不久，安德魯表示，他對現狀不滿，希望結束合作關係。洛克菲勒問他：「你想要什麼作為補償呢？」安德魯漫不經心的將要求寫在一張紙上：「100 萬美元」。不到二十四個小時，洛克菲勒就將這筆錢遞到了安德魯手中，然後說：「你只要 100 萬美元，而不是 1,000 萬，要價真的不高。」

在短短的二十年中，這個固定資產只有 1,000 美元的不起眼的小冶煉廠，滾雪球般的迅速成長為一個托拉斯 —— 「美孚石油公司」。總資產達到了 900 萬美元，股票價格也升至每股 170 美元，而公司的市場價值則高達 1.5 億美元。

坐等機會不等於守株待兔。在做好一切準備的同時，應積極主動的尋找機會。機會不會偏愛哪一個人，誰先創造出了機會，成功必定屬於他。

強者把握命運，能把自己的積極想法變為現實，無論遇到什麼困難都會勇往直前。在他們眼中，失敗是一種動力，鞭策他們更為奮力拚搏，這種動力是無價之寶，無論誰都不會奪去。

一生中能獲得特殊機會的可能性非常小；然而，機會無處不在，你可以把握住機會，將它變為有利的條件。要想成功，你必須行動起來。

缺乏積極進取精神的人總是藉口沒有機會，總是喊：請賜給我機會吧！

事實上，每個人生活中的每時每刻都充滿了機會。老師所講的每一堂課是一次機會；每一次考試是一次機會；每一個病人對於醫生是一個機會；每篇發表在報紙雜誌上的文章是一次機會；每一個客戶是一個機會；每一次交易是一次機會，是一次展示文明禮貌、果斷與勇氣的機會，是一次表現誠實品質的機會，也是一次社交成功的好機會；每一次面對困難都是一次機會。

你存在於現實生活中就意味著上天賦予你奮鬥進取的特權，這是你成功的最好機會。你要充分施展自己的才華，去追求成功，只要你利用好這個機會，沒有不能成功的事情。

只有懶惰的人才總是怨上天不給自己機會，而勤勞的人永遠不停的奮鬥著、努力著創造機會。有的人不但主動尋找機會，而且還主動為自己創造機會。對於強者而言，碰到的每一件小事，遇到的每一個人，都是一個機會，都會讓他們學到更多有用的知識，都會使他們的個人能力更加突出。

人的一生，是風風雨雨、坎坎坷坷的一生，遭遇過無數的對手和敵人，但最強的敵人不是外部的，而是我們自己。如哲人羅蘭所說：「最強的對手，不一定是別人，而可能是我們自己！在戰勝別人之前，先得戰勝自己。」

靠什麼才能戰勝對手

小佳能為什麼勝了大全錄 —— 打破了對手的戰略定式。

小企業未必永遠不能與大企業抗衡，最重要的是要找到「巨無霸」的軟肋，找到自己最堅硬的地方，然後尋找一個攻擊支點，採取差異化的競爭策略改變遊戲規則，改變力量的強弱對比，從而獲得以小勝大的業績。

你當然不能按照強大的對手制定的遊戲規則去跟他打。

因為，對手一定是根據自己的優勢來設定這個遊戲規則的，所以你千萬不能「雞蛋碰石頭」。

但是我們怎樣找他的弱點呢？

那麼只能在對手的優勢之中找弱點了。

比如說，對手的拳頭力氣很大，而且很硬，但是在他的拳面上有一個傷疤，那麼你就可以使勁打他的這個傷疤處，甚至就直接用一根棍子準確的捅這個傷疤，他就會鮮血直流，束手待斃了。

在散打比賽中教練也會告訴你一個祕訣 —— 如果你發現強大的對手眼角留存有上場比賽留下的傷疤的話，那麼你就寧願拚著挨幾拳也要不斷的死命擊打這個位置，直到對手疼痛難忍為止。

這就是從對手的優勢中找弱點的思路。

20 世紀中後葉，全錄發明了影印機，在影印機行業獲得了龐大的成功，使人們一想起影印機就會想到全錄這一品牌，全錄也當之無愧的成了影印機行業的老大和代名詞。

為了保護自己，全錄採取了過河拆橋的策略，申請了五百多項專利。

假如一個企業要花錢買他的五百多項專利，製造出來的影印機會比他貴幾倍，根本沒有市場。

美國這類產品的專利有效期為十年，到了第九年，佳能便開始對全錄進行研究，試圖改變市場遊戲規則以獲取影印機市場競爭的勝利。

佳能從全錄產品中那些不能滿足人們需求的地方入手，因為消費者的需求沒有得到滿足，就意味著機會。

於是，佳能開始走訪全錄的用戶，了解他們對現有產品不滿意的地方。同時也走訪沒有買過全錄影印機的企業，尋找沒有買的原因，走訪的結果告訴了佳能幾條主要的線索：

一、全錄影印機是大型的，當時叫集中影印，一個有錢的大企業也只能買得起一臺，因為它是幾十萬、上百萬元一臺，速度和性能都非常好。但價格太高，不是每個企業或企業的部門都能消費得起的，這是第一個不滿意。

二、一個公司假如說有十層樓，一臺影印機放在任何一個地方，所有人哪怕影印一張紙都要跑到那裡去，不方便，這是第二個不滿意。

三、如果老闆要影印一些保密的東西，如人員晉升、漲薪資等資料，他不願意把文件交給專門管影印的人影印、登記完了送回，這樣一來就產生了第三個不滿意 —— 保密性不好。

這就是佳能當初發現的幾個問題，根據這幾個問題，佳能有了解決問題的方案：

一、設計一個小型影印機，把造價降到原來的十分之一、二十分之一。

二、將影印機做成像傻瓜相機一樣，簡單易用，不用專人操作。

三、操作簡單、價格便宜，每個辦公室都可以擁有一臺，老闆房間可以自己用一臺，解決了保密問題。

此時，策略的脈絡似乎已經很清晰了：

消費者期望能有一臺價格便宜、操作簡單而且體積小，便於放置在私人辦公空間的小型影印機。

你看，這不就找到全錄的傷疤了嗎？

於是佳能迅即開始了小型影印機的研發，經過一年多時間，這款小型影印機問世了，從產品概念上來看，已經從根本上解決了消費者的需求。

那麼既然問題都解決了，是不是就可以生產了呢？

不是！還有很多問題沒有解決。

佳能在考慮：假如佳能將影印機生產出來，全錄就會反擊。（市場競爭一定是動態的，要想到別人會怎樣反擊。）

因為，全錄是影印機大王，那個時候佳能的名字還沒有人聽說過，聽說過的只有全錄影印機。

如果你這個產品一面世，全錄一看這個市場不錯，它用不了幾天就可以將新產品做出來，一腳就能把佳能踩死。

於是，佳能意識到，自己沒有辦法營造一種環境來保護孤軍作戰的自己，也沒有辦法過河拆橋，怎麼辦？

聰明的佳能想到了辦法 —— 聯合多家小企業，聯手對抗全錄。

佳能設計出這個產品後，拿著非常誘人的說詞跟理光、美能達等廠商溝通：「如果我們聯合起來做這個產品，這個產品的市場前景是什麼樣的，如果你從我這買，第一，投產時間要快一年多；第二，只花你開發費用的十分之一。如果對方是一個理性的廠商，你說對方會拒絕嗎？一定不會！」

最後，佳能終於跟這些小企業結成了一個聯盟，十來個日本廠商同時推廣這麼一個分散影印的概念，一舉改變了遊戲規則。一下就把這個市場做起來了。

為什麼？

首先，全錄是用一家公司來對抗十來個日本公司，這時的力量對比就不一樣了。

同時佳能這麼做的好處還有：打消了幾家日本公司自主開發的念頭，在無形中消滅了一批未來的競爭對手。

你想，佳能再開發出來新產品，還是賣給你開發費用十分之一的價位，你要不要？

沒有理由不要！

自己開發又費時間又費錢，跟佳能合作，等於「天上掉餡餅」，坐享其成，何樂而不為呢？

最後，只要佳能開發一代，這些企業就從佳能那裡拿一代的許可證，不用自己開發了，這就意味著他們默認了佳能在影印機市場上的領導地位。

由此可見，一個企業，尤其是小企業在與大企業競爭的時候，首先要想一想遊戲規則是什麼樣的。

你要改變遊戲規則，就要先了解現有市場的遊戲規則是什麼樣的，決策者是什麼人。

對大型影印機的購買者來說，決策者是那些大企業的最高領導者，因為這樣的產品要賣幾十萬、上百萬元的價格。

評價這個產品好還是不好，過去的評估者是那些對影印機非常了解的專業技術人員，而現在的評估者是你我這樣的普通消費者。

因此，購買的過程也不一樣了，過去幾十萬、上百萬元是固定資產，要購買一臺影印機需要主管審批，現在幾萬塊錢就不是固定資產了，購買時的整個過程和審批手續都跟以前不一樣了。

由此可見，正是因為佳能對原來影印機市場的遊戲規則非常了解，所以他才有能力開發出一些新產品，從根本上改變遊戲規則。

假若佳能只是在全錄的專利保護期到期之後，模仿製造大型影印機，或者以小型影印機為武器，單槍匹馬的跟全錄正面對抗的話，結果可想而知。

可見，佳能之所以能成功贏得市場，在於其精心規劃自己的策略，改變了市場遊戲規則，打破了強大對手既定的策略模式，而非一味模仿競爭者的腳步。

那麼，當我們同樣面臨強大對手時，我們就可以這樣想：我先不跟你打架，我先問問消費者是怎麼想的。

他們心中對這類產品還有什麼不滿意的地方嗎？

這些產品的弱點和缺陷是否能構成我們發動攻擊的有力武器呢？

如果佳能既沒看到小型影印機的商機，也抱著在大型影印機市場，僅憑自己的實力與全錄拚爭的話，那可能就不單是頭破血流了，沒准企業都會消失，因為全錄實在是太強大了。

所以，建議我們的企業家抽點時間看看《孫子兵法》，研究研究古今中外著名的勝利和失敗的戰例，或許你會從中獲得解決競爭問題的新思維。

走出一條自己的路

一家企業怎樣才能建立屬於自己的遊戲規則，使自己保持持續的競爭優勢呢？

相信這是許多企業都想知道，或者正在為之努力的目標。

但這需要一種強勁的原動力！

那麼，這種力量究竟是什麼？

答曰：創新能力。

創新是什麼？

長期以來，企業也一直在念叨：人無我有、人有我新、人新我變、常變常新。

但是，這句口號念叨了這麼些年，很多企業的創新能力卻並未得到些許提高。

現在，我們仍然常常是看到對手推出了新產品，而且市場不錯，這才趕

緊去追，結果自己的市場占比已經損失不少了。

要知道，所謂創新不僅僅是一項技術的改進，或者想出了一個什麼局部的點子，這些充其量只能被稱為革新或發明而已。

那麼什麼才是創新呢？

中國發明了火藥，但是中國人拿著火藥做鞭炮，而外國人卻拿它製造炮彈來攻擊敵人，從而成就了其開疆拓土的野心。

這才是創新！

中國人發明了指南針，只把它拿來當看陰陽風水的羅盤使用，但外國人卻拿它安裝在輪船上用於航海，成了為其國家考察疆域、探索未知地域的幫手。

這才是創新！

一言以蔽之，從真正意義上講，創新是以企業所具備的優勢資源為依託制定的能夠令企業競爭力提升的一次變革策略。

創新是一個系統行為，是一項可以直接提升企業績效的價值提升策略。

「只有創新才是公司的生命線。」正如寶鹼公司前董事長白波所說。

一百多年來，這家全球化的龍頭公司是這樣說的，更是這樣做的。

寶鹼公司的創新並不僅僅局限在產品上，在品牌管理、廣告策略、員工激勵策略以及其他的很多方面，都能展現出寶鹼公司對創新的執著追求。

西元 1870 年代，美國的大多數日用品公司都在生產一般的粗製肥皂，只有少數企業生產一些昂貴的精製皂。

大家在傳統肥皂上的競爭非常激烈，幾近白熱化的程度。

當時的眾多製造商大多還沒有時間去思考創新，殘酷的壓榨工人、大規模生產和銷售現有產品，獲取最大化的利益才是他們所熱衷的。至於產品改進，「讓他們見鬼去吧！」

此時，只有寶鹼公司沒有躺在磨盤上睡大覺。為了創立獨有的競爭優勢，寶鹼公司決定生產當時市場上還沒有的純淨溫和的條形皂，以獲得在產品上的差異化優勢。

「無心插柳柳成蔭」，意外吹響了寶鹼公司領先世界的號角。

西元 1879 年，寶鹼公司創始人的兒子詹姆士和一位化學藥劑師開發出了條形的、潔白的、可以漂浮在水面上的肥皂。

另一位創始人的兒子 —— 亨利．鮑克特為這種香皂取名為「象牙皂」。這個名字完美呈現了香皂純白、溫和以及耐用的特性。

「象牙皂」的問世標誌著寶鹼公司的創新精神上了一個新的臺階。

它一舉打破了當時洗滌用品的產業框架，改寫了持續數十年的市場遊戲規則，成為劃時代的新產品。

但寶鹼認為，產品上的創新僅僅是向前走了一小步。

如果換成一些企業，實現了一點創新便如同擁有了一把打開寶庫的鑰匙，以為這樣就可以天下無敵了。

但是殊不知，單一的技術上的優勢豈能成為構築企業競爭優勢的唯一武器？

在當今這個資訊發達、人才遷徙極快、技術複製極快的時代，單憑技術上的優勢如何能保持企業的恆久發展？

說不定你剛為你的產品投入大量人力財力，還沒等產出，就已經有人走在你的前面了。

寶鹼深知這一點，他們意識到 —— 只有以產品創新為基礎，並在行銷策略上予以創新，使自己的競爭策略也同樣具有差異化，才能使對手難以在短

時間內超越，才能真正建立起新的遊戲規則。

因此，在「象牙皂」的推廣上，寶鹼公司也沒有手軟，處處顯示出打破舊的市場遊戲框架的創新手筆。

在「象牙皂」的推廣策略中，亨利．鮑克特建立了純度標準後，開始大力運用對比性廣告以對付競爭對手。

不僅如此，他後來開始使用認證方式，讓化學家和醫師來認證「象牙皂」的純度，以強調其個性化特徵。

在「象牙皂」的廣告中，最重要的創新是它使用了嬰兒的形象，使嬰兒形象成了「象牙皂」早期的象徵 —— 柔和。

試想，如果對嬰兒都足夠柔和，那麼對一般人就更是如此了。

這些宣傳都是前所未有的。「象牙皂」的差異化策略獲得了驚人的效果。在美國它成了與眾不同的肥皂，獲得了肥皂市場領先於其他肥皂品牌的占比。

有一個放之四海而皆準的策略定律告訴我們，當你正在一個產品上獲取豐厚利潤時，請別忘記旁邊還有許多對手在躍躍欲試。

如果領先者不主動提升自己的優勢、創造新的競爭優勢的話，不久後，可能就會有一大群對手湧入，瓜分你的利益，到那時，你就無法阻擋了。

「象牙皂」同樣遭遇了這種形勢。1950 ～ 1960 年代的行業革命向這個傳統的策略提出了挑戰，更多的差異化產品出現並開始瓜分市場。

第一個就是 Dial。Dial 是第一個除臭皂產品，除了基本的清潔功能，它還具有除臭功能。隨著 Dial 的問世，一系列除臭皂相繼出現。

第二個重要的發展是 Dove。Dove 特別強調對皮膚的護理，被稱為美容皂。Dove 是 1956 年發明的，後來美容皂也相繼多了起來。在差異化方面，

Dial 和 Dove 從根本上對「象牙皂」的市場地位構成了威脅。

面對這種市場態勢，寶鹼有一個很明顯的選擇，它可以將這些特點中的一個或多個添加到「象牙皂」中。

但寶鹼公司沒有這麼做。因為如果這樣做，就等於寶鹼將自己辛辛苦苦建立起來的遊戲規則付之一炬，轉而又成為競爭對手的追隨者了。

相反，寶鹼決定為「象牙皂」重新定位。

這便是再次超越的開始。

寶鹼公司認為，「象牙皂」有一個龐大的消費族群，不同於一般的品牌產品。

作為一個被廣泛認同的品牌，它沒有一個明顯的使用人群，不管男女老幼，不管用作什麼目的，從洗臉、洗手、洗澡到淋浴，人們都在使用它，這才是使「象牙皂」獨一無二的原因之一。

當給消費者三十個或四十個品牌，並讓他們按品牌分類時，「象牙皂」總是自成一類。這就是它與眾不同之處 —— 它是全能型的。

寶鹼制定的新的「象牙皂」市場策略是，要擁有一個有基本功能而不加裝飾的簡單肥皂。

沒有不必要的成分，沒有香料，包裝也力求簡單；沒有豔麗的色彩，外表簡潔並具備肥皂的基本功能。

比如就包裝而言，「象牙皂」首先使用了捆式包裝，每捆 6 塊肥皂一起買，這就容易使「象牙皂」被消費者大量購買。

在產品上，「象牙皂」繼續保持原來的特點：白色，可漂浮，99.44% 的純度。

但經過創新後，「象牙皂」從具有與眾不同的特點的肥皂，變成了具有較

高 CP 值的普通型肥皂。

這樣它就從一個差異化的肥皂變成一個成本領先型肥皂。

眾所周知，塑造競爭優勢有兩大途徑，要麼高差異，要麼低成本。

我們看到，在競爭的前期，寶鹼走的是高差異的路線，不但在產品上與競爭對手具有明顯的差異性，而且在行銷策略上也具有獨到的差異性。

但是到了競爭對手紛紛跟上高差異路線後，也就意味著這種差異化已經變得沒有差異了。

於是，寶鹼拋棄了差異化策略，回歸「返璞歸真」路線，以既有的差異性為依託，同時又著意淡化原先的差異化帶來的「品牌溢價」的遊戲規則，轉而改走平民路線。

—— 變單塊為捆式，強化了可一次性大量購買的訴求。

—— 變與眾不同、優質優價為與眾不同、優質平價。

這樣，「象牙皂」又一次成功改寫了市場遊戲規則，繼續保持其市場領導地位。

由此可見，創新是企業建立屬於自己的遊戲規則、達成永續經營、實現利益最大化、通往成為長壽公司的必經之路。

寶鹼公司認為，作為市場領導者，要保持競爭優勢，需要拿自己作為競爭對手，勇於創新，不斷挑戰自己舊的競爭優勢，在不斷的「毀我塑我」的過程中使企業不斷獲取新的競爭優勢，獲得永續盈利。

由此可見，率先創新在確立市場地位中發揮著重要的作用，自我創新則是勇於向自己挑戰，拋棄已有的投資和技術，不斷以產品開發來創造新的市場機會。

寶鹼的案例再次為我們印證了一個行銷學的經典理論 —— 作為行業的

領先者，只有不斷的創立自己新的競爭優勢，才能一直跑在遊戲競爭對手的前面。

寶鹼認為：我們一直把消費者當作最大的競爭對手！

為什麼這麼說呢？

寶鹼深知，一個想保持持續競爭力的企業，其核心的競爭優勢的資源其實並不只來源於產品本身，還要來源於消費者不斷變化和提升的需求動向。

因此在「寶鹼之道」中，其核心內容之一就是對消費者需求動向進行精準把握。

譬如寶鹼的洗護髮品牌類群就成功地涵蓋了三個消費者最關心的需求 —— 滋養柔順、護髮飄逸、去屑止癢。

因此，寶鹼可以一直走在消費者的前面去解決問題。

「寶鹼之道」中，核心內容之二是對消費者價值的獨特理解與把握。

寶鹼認為：「顧客關係是寶鹼最有力的競爭優勢來源，因為我們的品牌是一對一的針對他們的需求『精耕細作』建立起來的。」

因此，寶鹼在充分理解消費者的價值期望後，又為自己的產品賦予了「自信、成就感」等感性的理念，從而一舉占據了消費者對此需求已久的心志，使得自己總是比對手先行一步，多走一步，隨時保持一步之遙的競爭優勢。

因此，千萬不要以為自己已經是行業的領先者就故步自封，不思進取，這樣你可能會付出很慘重的代價。

應該有自己的一套

如果你身處一個產品同質化程度很高的市場，你首先該考慮什麼問題？

是繼續加大廣告宣傳投入，還是殺入價格大戰的重圍，以降價手段來刺激顧客的購買欲望？

答案很簡單，一個企業要想在一個產品高度同質化的市場，用廣告砸出一片市場，除非你有兩個硬朗的條件：

一是資金雄厚，一舉手砸個三、五億元，眼不眨，心不跳。

二是產品成本很低，利潤空間極大，譬如五、六塊錢的東西可以賣到一百多塊的價格。

至於自投羅網的殺入價格戰的漩渦，我想沒有哪個企業願意降到血本無歸的地步的。

消極價格戰的最終結果只有一個，那就是全行業價值體系的崩潰，最後誰都會虧得七竅流血。

解決之道在於兩個字 —— 創新，透過創新改變遊戲規則來獲取新的競爭優勢。

那麼，怎樣改變遊戲規則呢？

難道只是企業自己坐在家裡想辦法嗎？

如果真是這樣，對不起，你必死無疑！

因為，競爭的本質是互動而不是閉門造車！

在動態競爭的環境中，你的動作在很大程度上是針對對手的，而對手的反應也決定了你策略的效果，關鍵是看你們兩個怎麼動態互動。

因此，你必須根據對手的策略，做出適時的策略應對。

當你的產品處在一個高度同質化而且競爭相當激烈的市場上時，你就必須要為自己謀劃新的出路，建立新的競爭價值鏈模式，改變市場遊戲規則。

改變遊戲規則的關鍵在於轉換策略思維觀念，一定要多從調查研究中尋找靈感。

消費者還有什麼潛在的未被滿足的需求欲望？競爭對手的定位是否滿足了消費者的需求等等。

道理很簡單，大路雖然很寬、很平坦，但是走的人太多，就容易被擠下懸崖；水路雖然波濤洶湧，但是少有人行，只要幫自己準備一艘獨木舟，就能輕鬆自如的渡過去。

關鍵要看你造舟的本事了。

其實，像財力雄厚的企業，大可採取大刀闊斧直接拿著自己的商品入市的策略，憑藉自己的資本實力，憑藉在行業苦心打造出的龐大聯銷網路和行銷團隊，也能打拚出一片天地來。

因此，企業有效的改變了競爭遊戲規則，並非是憑空捏造出來的。

用於「變線」的競爭性賣點概念不能脫離市場獨立存在，要學會與競爭對手正在熱銷的概念緊緊貼近，但是又要在此前提下尋找獨占性，與競爭對手有明顯的區隔優勢。

只有這樣才能有效的達到改變競爭遊戲規則的目的，避免造成跟著競爭對手制定的競爭價值鏈跑的窘境。

A 品牌推出了以「排出毒素，一身輕鬆」概念為主訴求的排毒養顏膠囊，並在市場上攻城掠地，所向披靡。

為什麼 B 品牌跟進推出的蘆薈排毒膠囊也在市場上打出了一片天地？

因為，B 品牌在緊扣 A 品牌的「排出毒素，一身輕鬆」的產品概念的同時，又做出了「深層排毒」的概念，在消費者心中達到進一步深化和強化了「排毒」的概念。

你 A 品牌不是「排毒養顏」嗎？

但是消費者雖然已經接受了「植物排毒」的概念，但是卻也存在著一個隱藏的疑惑：

你這毒從哪裡排的？

排得有多徹底？

消費者不知道。

那麼好，我再強化一下 —— 「深層排毒」，一舉在消費者心中建立起獨特的定位。

一個「深」字建立了有別於排毒養顏膠囊的市場區隔，在消費者心中進一步強化了「排毒」的概念 —— 比排毒養顏膠囊排毒更徹底。

在蘆薈排毒膠囊的文字宣傳訴求中，消費者非常容易的就能感到其針對競爭對手 —— 排毒養顏膠囊，咄咄逼人的風頭。

看看 B 品牌是怎麼說的：

排毒作為人類治病、保健、美容的一種方法，古已有之。今日又將其科學化，使防病治病與美容美體相結合的排毒美容理念越來越被廣大消費者接受，排毒市場不斷擴大。時下市場掀起排毒熱潮，許多人的排毒意識有了提高，排毒已成為一種健康時尚的生活方式。

據了解，以往很多消費者在排毒過程中反映：臉上的痘痘有增無減、服用後會拉肚子而停藥後就會便祕，剛開始效果不錯，但時間長了就「沒感覺」……為何會導致這些問題呢？研究顯示，沉積在人體的深層毒素是禍首。

罪魁禍首：深層毒素。

解決之道：深層排毒。

……斬草要除根，要想排毒全面徹底且不反彈，就必須排除深層毒素。然而深層毒素極難排除，因為普通藥物很難作用於淋巴、微循環等組織，尤其是微循環中的毒素，由於微循環的血管非常小，只有 2 ～ 100 微米，一般的藥物根本不可能進入微循環。因此要排除深層毒素就必須尋找一種能排深層毒素的物質。

經多年探索，美國科學家採用現代生物技術從庫拉索蘆薈中提取出了神奇的深層排毒元素 —— ALOIN（蘆薈素），它具有解毒和促進新陳代謝的雙重功效：

經典產品：B 品牌蘆薈排毒膠囊

據介紹，B 品牌蘆薈排毒膠囊是依據最新的深層排毒理論研製出的。採用了先進的生物工程技術，從美國庫拉索蘆薈中提取出深層排毒物質蘆薈素（ALOIN），服用安全，排毒效果徹底，並能增強人體自身的解毒、化毒能力。它具有很強的滲透力，可以深入血液和微循環系統中，清除深層毒素。

此外，蘆薈排毒膠囊中所富含的多種氨基酸、活性蛋白質可直接補充人體所需的營養，在「清毒—排毒」之後補充營養，滋養容顏。

怎麼樣，這著棋走得妙吧！

但是如果 B 品牌在跟進 A 品牌時，變線策略走歪了，那結果就是兩樣了。

譬如，B 品牌在實施「變線」策略時，其訴求僅僅是「排得更徹底」的話，效果就很難有這麼好了。

試想，當消費者接受了 A 品牌的「排出毒素，一身輕鬆」概念後，再看到「排得更徹底」時，就會認為 —— 憑什麼說你排得更徹底呢？

理由是什麼？

這就是缺乏類似「深」這樣相對「量化」的概念，反而顯得還不如 A 品牌的產品訴求了。

第六章　獨闢蹊徑：無本經營也發家

在一些地方，已經有人捷足先登，推出了專門針對有錢人的私人服務，不用看老闆的臉色行事，不用開店開工廠，也不用特意投資，賺的完全是無本萬利的「手藝錢」和「智慧錢」。

從事「私人」服務有賺頭

有人說如今有三種錢最好賺：女人的錢，孩子的錢，有錢人的錢。實際上，最好賺的還是有錢人的錢，因為無論男女老幼，只有花錢消費你才能從他（她）身上賺錢，如果他（她）連吃飯都成問題，那賺錢也就難了。而這幾年，給人的感覺是有錢人越來越多，你認為「天價」的服裝，有人連眼都不眨一買就好幾件；上百萬的郊區別墅和市內豪宅居然被搶購一空……所以現在找準角度，賺有錢人的錢正是時候。在一些大城市，已經有人捷足先登，推出了專門針對有錢人的私人服務，這種算是職業也算創業的工作，不用看老闆的臉色行事，不用開店開工廠，也不用特意投資，賺的完全是無本萬利的「手藝錢」和「智慧錢」。

私人律師

在國外和港臺電視劇中，大家經常會聽到「請和我的私人律師聯絡」的對白。相關資料顯示，美國有八十多萬名律師，平均每三百人擁有一位律師。當前，隨著人們法律意識的增強和經濟活動的增多，在房屋買賣、婚姻家庭、名譽侵權、財產繼承、勞動工傷、醫療交通事故、出國留學以及個人創業等方面都需要律師的說明，所以，私人律師必將會成為越來越熱門的職業。

錢先生原本是學電腦出身，大學畢業後一直四處工作，後來他透過自學，考取了律師資格證書。但是和其他律師不一樣的是，他沒有專盯企業經濟官司和當公司法律顧問，而是專門為個人提供法律服務。他利用網站、報刊等媒體，宣傳自己做私人律師的優勢和服務特色，並根據客戶的要求提供周到仔細的法律服務，吸引了越來越多的客戶。對於借貸等經濟往來頻繁的客戶，他根據法律的條款，協助客戶完善協定和合約，保障客戶的利益；對於客戶交辦的房產確認、過戶以及婚姻關係等令人頭疼的法律問題，錢先生憑職業優勢走解決問題的捷徑，客戶完全可以撒手不管；客戶如果因誤會被警調機關傳喚，這時錢先生便會按照法律程序立即與機關交涉，及時維護客戶的合法人身權益。

目前私人律師的年收入可高達 300 萬左右。

私人理財顧問

過去我們常說開門七件事：柴米油鹽醬醋茶。如今又有了一種新說法：開門八件事，柴米油鹽醬醋茶另外加理財。由此也看出人們對理財的重視程度越來越高 —— 有錢只能證明你有理財資源，並不一定代表你會進行理財規劃，沒有保險規劃，一場大病就有可能讓人傾家蕩產；盲目炒股，一不留神遇上「地雷股」，十多個跌停板下來，你的理財資源也就所剩無幾了。然而，這些防範風險、增加收益的規劃並不是任何人都能做的，所以，私人理財顧問便在這種情況下應運而生。在私人理財顧問那裡，理財已經不是簡單的存錢，而是延伸到了投資收益、稅務安排、退休保障、子女教育、貸款設計等範疇的綜合財務規劃。

趙先生原本在銀行從事個人理財工作，後來他見人們對理財的需求日趨旺盛，便辭職專門當起了指導有錢人理財的私人理財顧問。趙先生因人而異，有針對性的為客戶提供差別服務，對於在網站擔任總監的客戶劉先生，他根據其年輕、接受新鮮事物快的特點，建議他開立了炒匯帳戶，並依靠自己的專業知識，及時指導劉先生調整手中的外匯結構，使得年收益達到了 10%；對於某企業的李總，趙先生則指導其購買沿街商業樓房，並幫助其

打理招租、收租金、納稅等日常工作，使李總的租房和房產增值收益超過了15%。

至於收費，趙先生一般是和客戶協商，有的是按年薪制，有的按他對客戶理財的貢獻度或理財總收益收取一定比率的酬金。一年下來，他為別人帶來的理財收益高達500多萬，他個人也有50萬元報酬裝進了荷包。

私人髮型師

許多有錢人都有自己的髮型設計師，是一個很流行的職業。近年來這種職業在很多地方也嶄露頭角，受到了高階上班族和老闆們的歡迎。張先生來到A市開了一家理髮店，因為他的手藝好，服務佳，漸漸有了一些固定的老顧客，生意很好。但後來，由於房東要對店鋪進行整體擴建，只好讓張先生暫時另擇開店之地。但是他找了半個多月也沒有尋到合適的店鋪，加之繁華地段商業樓房的租金一漲再漲，最後張先生決定還是等房東擴建後再租賃原來的店鋪。

為了不失去固定的老顧客，張先生便和一些顧客商量，想在店鋪重新開張之前，上門為其進行髮型設計、理髮、修髮、護髮等服務。由於常客中許多人是高階上班族和老闆，收入高，觀念新，雖然花費高一點，但他們還是對這種更加方便的服務方式欣然接受。張先生的技術和服務都非常到位，接受幾次服務以後，大家非常滿意，有的顧客又為張先生介紹了新顧客，有的生意人還利用請客人吃飯的休閒時間，請張先生上門為客人做髮型設計，讓顧客的客人也享受到了這種VIP貴賓服務，有時一邊談生意，一邊修髮護髮，不但節省了時間，還提高了生意的成功率。

現在，張先生早就樂不思蜀，忘了再回去租他的理髮店鋪了，因為他現在固定為四十個顧客提供上門服務，月收入 70,000 元，比開店整整高出了一倍。

私人裁縫

自己做服裝在 1970、1980 年代曾頗為流行，可是後來，各種做工精緻、價格適中的品牌服裝大量推出，致使眾多裁縫不得不改行。這幾年，隨著人們觀念的轉變，許多有錢人越來越追求個性化和品味，大眾化的服裝已經不能滿足這部分人的需求，一些手藝高、有一定名氣的私人裁縫逐漸又有了市場。

劉女士在 A 市做私人裁縫已經一年多了，她的客戶多數是 30 至 40 歲的高階上班族、企業老闆和演藝人員，這些人身分高、追求品味，往往以訂製出席特殊場合的禮服或演出服為主，有時也訂製「獨成一派」的生活套裝和休閒服裝。普通裁縫的技術主要是在「做」上，通常是顧客拿一塊面料來，翻翻服裝雜誌找一樣自己中意的款式，然後裁縫便依樣畫葫蘆；劉女士就不一樣了，客戶對衣服面料、款式有哪些偏好，平時喜歡什麼樣的休閒方式等，她都要瞭若指掌，另外，客戶的膚色、面料與款式的搭配，還要融合劉女士的自我設計理念和建議，自始至終要展現「貼身」設計和精工細作，直到試樣、修改，讓顧客穿上滿意的服裝為止。

至於收入，一套服裝從設計到製作，一般要收一、兩萬左右，賺的純粹是「設計費」和「手工錢」，一個客戶一年三套服裝，有十個固定客戶，私人裁縫的收入就相當可觀了。

私人健身教練

職業女性們現在這樣喜愛健身，成功男士更是把身體看作「本錢」，越來

越捨得花錢買健康。因為這些高階上班族和老闆們工作壓力大，精神緊張，身體長期處於不太健康的狀態，所以他們最大的願望就是有個充滿活力的健康身體。在這種情況下，私人健身教練便在很多大城市逐漸有了市場。

王女士過去是體校的老師，這兩年她在開辦健身中心的同時，還擔任了十位女性高階主管的私人健身教練。她會根據私人客戶的身體情況、生活習慣和工作時間，為她們量身定做健身計畫，並且可以進行一對一的指導。同時，她的上課地點往往也不局限於健身房，她會根據客戶的自身情況制定特殊訓練方案，包括體能提升、應變能力、戶外適應、自我保護、野外生存等等。有人說王女士「早晨起來鍛鍊身體也能賺大錢」，此話不假。她早晨的時間一般會被客戶預約得滿滿的，與客戶一起到公園或開車到野外有針對性的進行健身訓練，自己既鍛鍊了身體，又提高了客戶的健身效果，以致有客戶說自己在健身房裡悶頭練一週，也不如和私人健身教練在一起鍛鍊一個小時收穫大。

入行健身教練首先要在身材、形象，以及反應力、協調力等方面具有一定天賦，並透過考取體育大學的相關科系、參加社會上的健身教練員培訓班、考取相關證書等方式獲得從業資格。據了解，目前私人健身教練的報酬一般是按小時計算，每小時 500 ～ 750 元。很誘人吧！

搭橋穿線活絡「經濟」

一提起「經紀」，大家會想到經濟活動中為供需雙方牽線搭橋的中間人。經紀人是商品經濟發展的產物，自古以來就有關於經紀人的記載，只是各地民間對經紀人的稱呼不同，有的地區叫「牽驢」，有的叫「對縫」，有的則叫「經紀」。目前，各行各業出現了大批的經紀人，如期貨經紀人、證券經紀人、農產品經紀人等等。近年來還出現了一些新型的經紀人，他們憑藉對某個行業特別熟悉、有良好的社會關係和信譽等優勢，專門幫助客戶打理各種繁瑣事務，既為客戶節省了大量時間，又為協力廠商擴大了業務量。從而實現了買賣雙方和經紀人的「三贏」。下文的主角張明就巧抓機會，依靠當「跑腿經紀人」走上了個人創業的致富之路。

無意之中發現的商機

張明剛滿 30 歲，原本在一家銀行工作，公司實行買斷工作年資，他在拿了一筆補償金後，成了失業人員。回家後，張明便想進行個人創業，但自己一沒有技術，二沒有太大的本錢，再說在機關養尊處優慣了，對能否適應激烈的市場競爭他沒有絲毫把握。

無奈之下只好先找工作 —— 先識識商海的水性再說。他硬著頭皮找到一個開公司的老同學，本來公司不缺人，但老同學顧及同窗情分不好意思回絕，便答應讓他先試試。

由於這是一家裝修公司，工作多數與工程有關，而張明對此一竅不通，只好在行政部做一些跑跑腿的雜活。後來，朋友的公司因為擴大業務需要貸款，財務部門找銀行辦理貸款時不是手續不全，就是表格填寫錯誤，用了一個多月也沒有把貸款辦下來。這時老同學想到了從事過銀行工作的張明，於是便把貸款任務交給了他。由於張明熟悉業務，懂得辦理貸款的捷徑和竅門，結果沒用三天便把一筆 1,500 萬元的短期貸款輕鬆搞定了，並且他還根據自己的經驗，為老闆選擇了一款利率較低的流動資金貸款，為公司節省了一筆利息開支。從此，老同學對張明刮目相看，幫他加了薪水，擢升他當了財務人員。

張明並沒有因升遷加薪沾沾自喜，而是從辦理貸款這件事上悟出了商機。經過一番市場調查，他發現隨著人們消費觀念的轉變，希望靠貸款「花明天的錢，圓今天的夢」的民眾越來越多，許多創業者更是需要銀行貸款的支持。但由於銀行對貸款要求嚴格，貸款手續相對繁瑣，多數人對貸款品項、貸款程序又缺乏了解，以致許多貸款者淺嘗輒止，半途而廢，使貸款不能如願；有的則辦理手續多走彎路，浪費了寶貴的時間和精力；還有許多創業者守著大量的信貸資源卻不知道利用，遲遲不能獲得創業資金。而他則有多年的信貸工作經驗，過去與房產評估交易、保險等部門多有往來，對貸款手續以及各種竅門也都瞭若指掌，所以他突發奇想：如果能夠利用自己的這一資源，專門經紀貸款，幫助貸款人辦理令人頭疼的各種手續，豈不是一件對客戶、銀行和自己都有利的好事？

一個月後，他婉言謝絕了老同學的挽留，結束了自己的受僱生涯，開始謀劃當「跑腿經紀人」。

貸款跑腿賺取第一桶金

由於他從事銀行工作時與各部門打交道較多，「人熟是個寶」，所以他將主要業務定位在貸款的辦理上。同時，他還主動了解和熟悉其他經紀業務知識，為了把業務學扎實，他還義務為朋友們幫忙，起早熬夜到相關部門排隊辦理手續，初步掌握了交通、工商、稅務、海關等各種年審、辦證、繳費等手續的辦理方法。

在做好必要準備的前提下，他在本地的日報、晚報及房產、汽車、理財等網站上發送了辦理「跑腿經紀」業務的廣告。當然，由於他辦理貸款是內行，所以業務宣傳中突顯了貸款業務，為了讓大家信任，他還承諾先向客戶支付一定押金，如果不能按時履約，押金可以作為給客戶的賠償。廣告一打出，張明的電話鈴聲不斷，幾天內就接到三十幾個「幫忙貸款」的請求。經過詳細詢問，他選定了十位已具備貸款條件的客戶，並根據個人貸款需求，為每位客戶設計了「貸款建議書」，從利率、還款方式、客戶須提供的資料、辦理時限等各方面給了客戶一個清晰直接的說明。

客戶見張明不但承諾辦理時限，還因人而異幫助選擇了利率低、期限合適的貸款品項，便放心的與其簽訂了委託協議。此後，張明晚上在家填寫各種表格，白天忙著跑銀行，去保險公司，雖然忙碌，但這對他來說都是輕車熟路，所以沒用幾天，便通知客戶到銀行輕鬆領到了曾經可望而不可及的貸款。

張明的「跑腿經紀」漸漸聲名遠揚，顧客踏破門檻。各家銀行也爭相聘請他當貸款行銷員，除了在辦理手續上一路綠燈以外，還按貸款額度給他一定的分紅。一項業務，賺兩份利潤，真正達到了跑腿經紀的目的。

擴大跑腿經紀的業務範圍

辦理跑腿經紀的業務多了，張明的朋友也越來越多，為擴大業務打下了基礎。許多人都認為張明神通廣大，所以買家電等大件商品時，總要讓張明幫忙給意見或提供一些資訊，而在辦理貸款時，他正好結識了一個家電經銷商，這時，張明便將朋友們介紹給這個經銷商。因為是張明介紹，經銷商便本著薄利多銷的原則，以低於市場的優惠價位進行讓利銷售。此後，找張明買家電的朋友越來越多，而這位經銷商的銷售額也有了很大提高，到了年底一結算，張明幫他帶來了數萬元的利潤，為表示感謝，他特意給張明送了一個厚厚的紅包。

幫助別人推銷了商品，讓雙方都領情，這正是張明跑腿經紀的精明所在。朋友們找他幫忙，總覺欠他人情，但張明卻說：「我只不過是起了一個牽線搭橋的作用，幫別人推銷了商品，賺了經紀費，我還得欠你人情呢。」就這樣，找他辦事的人越來越多，隨著業務的擴大，他太太也辭去了公職，兩人一起當起了「跑腿經紀人」，使業務領域不斷擴大。

每到繳納車輛養路費、駕駛證照年審的時節，許多車主往往要排隊辦理，有時耗上幾個小時還辦不完。張明便讓太太學會了各種車輛證照的繳費和年審業務，推出了與車輛有關的跑腿服務。隨著擁車人數的逐步增多，這項業務受到了廣大有車族的歡迎，他的車輛跑腿業務呈現了良好的上升趨勢。

經營者需要和工商、稅務等部門打交道，常常為辦證、蓋章、繳費等事務而忙得焦頭爛額；初次辦理各種證照更是不知從何入手。張明便根據這一特點，專門為那些忙著賺錢抽不出身的業主，或即將開業、毫無經驗的小老闆們提供仲介服務。同時，他還根據一些創業者的實際情況，推出了幫忙辦理貸款、營業執照、稅務執照等「一條龍」服務，吸引了眾多的創業者。根據當前外貿業務發展迅速的特點，張明還準備招募一名報關員，開通外貿企業報關仲介服務等等。

張明說，「跑腿經紀」的事情無大小，人員更是可多可少，一般的業務一個人就能辦得很好。業務範圍除前面所說的幾項以外，替客戶購買車、船、機票，代辦房地產過戶，甚至去郵局送信取包裹等，都可以成為發展業務的範圍。總之，當「跑腿經紀人」不需要資金，更不用有多高深的知識和技術，只要有一定的經濟知識和辦理某項事情的實際經驗即可，特別適合大學畢業生、退休失業人員創業致富。

線上賺錢有訣竅

每個人都有自己的姓名，商家也要有店名廠名，好的姓名是人生寶貴的財富，好的店鋪名會成為價值連城的無形資產。過去人們不太注重命名，名字信手拈來，滿街都是菜市場名，還美其名曰「好養活」，現在幫孩子命名，誰還隨意取？

商家的名字更是重要了，開家旅館，你起個名字叫「月黑風高度假村」，就是設施再好，價格再便宜，也沒有人敢來了呀。所以，無論人名還是店名，都要符合人類社會學、美學、語言學的要求，並且要跟上時代的節奏。小王認知到了這些問題，看到了命名的市場潛力，所以早就產生了開個命名店的想法。後來正巧遇上網路迅速發展這一機會，「與其網下嘆氣，不如網上出擊」，小王便決定開一家具有時尚色彩的「線上命名店」。

小王是師範學校中文系畢業，有一定的語言文字基礎，在學習了相關命名學、網頁製作、電子商務行銷等基礎知識之後，他特別申請了功能變數名稱，建立了網站，「線上命名店」就開張了。為了提高命名店的知名度，小王與一些知名網站建立了連結，還在一些點閱率較高、收費相對較低的網站做了廣告。並將網站的相關資訊載入到了各搜尋引擎之中。你別說，這些宣傳行銷舉措還真管用，開業的第一個月小王就收到了各地五十多個要求命名和諮詢的電子郵件，其中還有一個國外客戶要求替才出生的雙胞胎女兒命名。直到現在小王也不知道他是透過哪個網站知道了自己的命名店 —— 網路真是太神奇了！

開業後小王做成的第一筆生意是為一家商店命名。當時，對方提出的要求是先命名，滿意後再看質論價。這家商店原來的店名是用地名取的。大樓由於一場突如其來大火，燒得只剩下了主體建築框架，重新修建開業後如果

繼續叫失火之前的那個落伍、讓大家心驚膽戰的名字肯定不行了，因此商店為圖吉利，要求新店名必須「把火給鎮住」，讓購物的顧客從心理上感到安全。受理這項業務後，小王透過網路瀏覽各大知名商業單位的店名特點，並根據其實際情況，最後定名為「金帝商場」。金帝有兩個含義：一個是「真金不怕火煉」，二是要繼續「稱帝」，始終做當地零售行業的老大。商店對這個名字非常滿意，本來小王的店鋪命名標價是 1,500 元，結果商店按照以質論價的承諾，透過網路銀行匯了 15,000 元給他。

相對店名來說，個人的名字要更為複雜一些。一般要求對方透過電子郵件或信件發來孩子的出生年月和時辰，說明父母及相關親屬的名字，以防重名、重輩分或犯「名諱」；還要提供命名的要求，比如說明要三字姓名還是兩字姓名等等。然後小王根據客戶要求，參考古代命名學的知識，提供五個名字供其選擇，以盡量讓顧客滿意。

需要和大家說明的是，命名不是迷信而是一門藝術，涉及哲學、心理學等知識，當然古代的一些傳統文化也具有參考價值，所以說命名是一種各門學科的綜合表現。說它玄也玄，說它淺也淺，有一定語言文字基礎的人，多看一些姓名學的書籍，具備一定的網路知識，便能和小王一樣開家網路小店，過把當小「CEO」的癮。

做個有心人，發現好財路

我的同學小王畢業後一直換工作，當普通上班族收入低不說，還要整天看老闆臉色行事，所以他一直想找個機會自己做點事業。春節後，他看到如今創業環境越來越好，文化類的消費市場越來越大，於是他辭去工作，在一家大學門口開了個書報攤。

小王是個有心人，經過一段時間的觀察，他發現買報的人也分類型：買上報紙就走的一般是經濟條件較好的學生；在報攤前翻閱一段時間，最後才選中一張報紙的則屬於比較精明的學生，而且這類學生占比較高；也有少數學生只是來看報，很少買，這往往是經濟相對困難或對報紙內容比較挑剔的學生。由此他悟出了一個門道，如果能辦一家「報吧」，讓這些「精明」「相對困難及挑剔」的學生花一份報紙的錢便可隨意瀏覽，說不定會「有利可圖」。

為了進一步驗證此設想的可行性，他以免費看報為條件，讓幾個較為熟悉的學生為他做了一次市場調查。透過調查發現，現在一份報紙的平均售價在 10 元左右，有十多個甚至三十多個版面。按說價格不貴，但個人愛好不同，這一疊報紙中，九成的學生只會選擇兩三個版閱讀，其他的全部當廢紙扔掉了，而「報吧」則恰恰能解決這一問題，提高讀者閱報消費的價值感。同時，調查還顯示，有八成的學生表示願意接受「報吧」這一實惠的消費方式。

這一調查結果讓小王吃了定心丸，於是信心十足的籌建起了「報吧」。他首先在離學校不遠的一個巷子裡，以每月 4,000 元的價格租賃了兩間住戶自建的店面，訂閱了近百種報紙和雜誌，將其分為創業求職、文學藝術、電腦網路、財經金融、新聞焦點、報刊文摘六個「閱讀社區」，並在「報吧」設立了吊椅、摘抄臺、情人閱讀包廂等設施，找美術系的學生幫忙設計了精美、醒目的看板，一切準備妥當之後，他的「報吧」開業了。

花 10 塊錢便可以看幾十元甚至幾百元的報紙和雜誌，學生們覺得非常划算，於是一傳十，十傳百，小店的生意出奇的好。為了吸引客戶，增加收入，小王還增加了出售咖啡、茶水、冷飲等服務項目，推出了月票八折等優

惠促銷措施，使每天的顧客流動量在九十人左右，加上賣飲料等其他收入，「報吧」日均收入至少有 2,000 元。

「報吧」生意好了，周圍的書報攤可遭了殃，兩者形成了鮮明的對比：報攤門可羅雀，生意蕭條，而他的「報吧」卻人來人往，顧客踏破門檻。除去租房、訂購報刊等開支，「報吧」每月的淨收入達到 40,000 元 —— 小王從賣報小販搖身變成了「報吧」老闆，還被評為全市的「失業員工創業明星」。

投資企劃：

一、合理選擇位置。「報吧」的選址應首先考慮大學集中區和工廠單身宿舍區，盡量避開住宅社區，因為住戶們除了家庭瑣事纏身以外，還有電視、網路等誘惑，閱報族群較小。另外，「報吧」屬於微利行業，一般不應租用價格較高的沿街商業店面，而是要選擇學校附近小巷的店面或一樓住家戶，面積在 20 ～ 40 坪即可。

二、投入不宜過大。開「報吧」和經營餐飲不同，「報吧」面對的是沒有收入或收入較低的學生和上班族，設備、裝修等投入太大了反而會影響客源。包括預付租金、簡單裝修及訂閱書報在內，最初投資成本應控制在 20 萬元左右。

三、選準進貨通路。除了郵局以外，現在自辦發行或委託發行的報刊很多，原則上應選擇批發商，或直接從雜誌社郵購甚至可享受折扣優惠。因此，選準進貨通路可以最大限度的降低投資成本。

行銷策略：

一、突出文化品味。「報吧」的定位要高雅，不要和街頭出租武俠小說的小店相混淆，店面乾淨，環境幽雅，突出「閱讀就是財富，書籍是人類進步的階梯」的主題，盡量增加「報吧」的文化品味。

二、投其所好訂閱報刊。許多學生具有一定鄉土觀念，在異地求學很想透過家鄉報紙了解家鄉的變化，以及家鄉的人才環境情況，鄰近畢業時更需要了解來自家鄉的徵才資訊，所以應適當訂閱一些外地報紙，會吸引更多的讀者。對於一些自辦發行的異地報紙也可以和報社發行部聯絡，進行郵購訂閱。

三、莫忘變廢為寶。訂閱的報紙多了，你可以利用這一有利時機進行報紙集藏，可以在集報網站上發送資訊，向廣大集報愛好者推銷手中的報紙。也可以將報紙的創刊號、發生重點事件的增訂本收藏起來，以求升值。另外，有的報紙版面較多，一份幾十個版的報紙，其售價和當廢紙賣的價格相差無幾，可以將多餘的舊報處理後變廢為寶，及時補充經營資金。由此也更能看出，開間「報吧」確實是一項投資少、風險小、見效快的創業項目。

抓住時代特點來投資

巧買二手房，勝過存銀行

張先生一家都是上班族，多年來逐漸有了一些家庭積蓄。為了使這些積蓄達到保值增值的目的，他著實動了一番腦筋：存銀行吧，利率越來越低，10 萬元年收益才 1,000 塊錢；投資股市，風險太大；債券又買不上。後來，在朋友的推薦下，他買了一間位置較好、面積適中、格局相當合理的二手屋，簡單整理後租給了一對無房的新婚夫婦。這樣，張先生每年房租收入近 20 萬元，收益比存銀行多出好幾倍。

如今，股市、保險、期貨等理財管道可以說越來越多，但是真正適合上班族投資的方式卻少得可憐，所以多數家庭仍以品項單一、家財增值慢的銀

行儲蓄作為理財的主要選擇。隨著二手房屋市場的完善以及各種交易稅費的降低，像這位張先生一樣，靈活利用房產這一投資工具，確保家庭資產保值和增值必將成為一種新的理財時尚。那麼，怎樣做到巧買二手房屋，買房、租房又該注意哪些事項呢？

最大限度的掌握房源資訊。目前二手房仲介機構越來越多，您可以選擇規模大、信譽好的仲介機構，了解和掌握適合自己投資的房源資訊。也可以在報紙廣告資訊欄和網路二手房資訊網頁，以及利用電視、廣播電臺等媒體進行個人求購資訊的發送。求購資訊盡量簡單明瞭，比如:求購某某路以西、幾百（萬）元以內、三樓以下、水電暖齊全住房，聯絡電話。這樣，對購房資訊進行廣而告之，您就占了買房的主動權，面對眾多送上門的售房資訊，可以對房價、位置、面積等因素仔細比較，綜合衡量，優中選優。

購買二手房須防欺詐。首先，購買二手房應盡量選擇證件資料齊全的住房。其次，看好房子後，一般不應向房主繳納押金，要等透過正規管道辦理過戶後，再一手交錢，一手交房。為了減少麻煩，確保過戶手續萬無一失，您也可以委託一家信譽好的仲介機構，幫忙簽訂購房合約，辦理評估、過戶事宜。

出租住房的注意事項。一是房子買來後，您可以對房子進行適當的整理，然後可以用買房的辦法發送出租資訊。對於求租者首先要查驗身分證件，然後簽訂租房合約或協定。二是出租房屋可要求預交半年以上的租賃費，防止因房主出租一兩個月後中途退租，而影響租房收益。三是租房合約最好一年一簽，因為近來房租「行情」逐年呈上升之勢，簽訂時間太長，如果行情繼續上漲，必然會影響租房收益。四是要遵守有關出租房屋的法律法規，避免將房屋出租給非正當用途的租賃者。

另外需要提醒大家注意的是，雖然購買二手房出租的收益會高於銀行儲蓄，但是也並非高枕無憂，購房時一定要對房子的位置、新舊等升值潛力因素進行通盤考慮，精挑細選，以避免將來房子貶值影響收益。

我也要當個讀書人

近年來，對出版和圖書銷售業來說可謂「利好」頻傳，不時會有新書被炒得火熱，單本發行量超過幾十萬甚至上百萬冊的圖書比比皆是。這些書從推出到暢銷，往往離不開媒體以及各大報書評版的宣傳，一旦媒體都介紹和推薦某某書，那這本書便離暢銷不遠了。

但在實際發行過程中，暢銷書從大城市到地方縣市往往要有一段「滯後時間」——中小城市的讀者雖然已透過大眾媒體對暢銷書有所了解，可到當地書店一問：沒貨。這些暢銷書透過正常通路發行，速度往往較慢。因此，抓住出版業的這一特點，看好時間差，暢銷書便有賺錢的機會。

小張就抓住這個機會，而成了遠近聞名的暢銷書專營商。

從小喜歡學習的他，對書籍——特別是新書有天生的愛好。他看到大城市的暢銷書在中小城市無法買到，於是在進行市場調查的基礎上，產生了辦一家暢銷書專送店的想法。

此後，小張密切關注圖書發行動態，訂閱了專業報紙，並經常透過網際網路瀏覽各大報紙的讀書版，收看電視的讀書節目，關注暢銷書排名。一旦發現某某書出現暢銷動向，他便及時與出版社或大的批發商聯絡，簽訂履約購書合約，即先向供貨方繳納一定數量的購書押金，確保對方能及時供貨，並且承諾一定時間內賣不了的書籍可做退貨處理——這種類似賒銷的進貨方式，為小張的專送店提供了最先得到新書和避免積壓的保證。

新書到貨後，他便在當地發行量較大的日報、晚報上刊登自己撰寫的書評文章，或者和編輯協商將大報刊登的某某書評進行轉載，文章末端留下在本地購買此書的聯絡電話。這樣每次只須支付數千元的廣告費，便會獲得較好的銷售效果。報紙刊出後，諮詢的電話絡繹不絕，他每天上午集中接聽電話，下午按照顧客的地址，排出送書路線，然後逐一送貨上門。一個星期的時間，五百本書便銷售一空。除了進貨成本之外，小張幾乎沒有其他投入，家就是他的「辦公室」，地下室就是他的「倉庫」，送貨也是自己騎車，這樣七天的淨收入便達到了 10,000 元。

三個月後，當地的書店才進來此書，而這時小張早把錢賺足又準備運作其他暢銷新書了。

投資和行銷建議：

一、穩健投資避風險。暢銷書專送店投入最大的是進貨資金，為了減少虧損風險，建議投資者採取小張的這種進貨方式，這樣出版社或批發商收取的購書押金會略高於貨款，但因為有履約協議，可以保證最先得到圖書，並且萬一圖書賣不完時還可及時退貨，從而避免貨物積壓造成的虧損。另外，簽訂供貨協議應當選擇正規的、有一定規模的批發商，以避免造成押金被騙或其他問題。

二、慧眼識珠選品項。從近年圖書發行情況看，教育和醫療保健類書籍成為兩個新的成長點。另外，財富、創業、文學、紀實、求職等類圖書也成為目前暢銷書的主流。

三、廣而告之要靈活。目前，純廣告不但投入高，實際效果還不一定好，所以應當盡量以非廣告或準廣告的形式進行宣傳。報紙的書評版是最好的宣傳陣地，你可以試著寫些書評，以此和版面編輯加強溝通，實現不花錢也辦事或少花錢多辦事。另外，也可以在收視率較高的地方電視節目打字幕廣告，或者利用報紙的廣告版位做一些投資小、見效快的小廣告。有條件的可以建立網站或網頁，開通線上訂書業務。

四、有的放矢巧行銷。如今看書的讀者以中青年為主，其次是中小學生，專送店的主要客戶應當以這兩個讀書群的散客為主。同時，要盡量發展團體採購，對於受中年讀者喜歡的創業、財富、紀實等暢銷書，可以到公司對個人進行推銷。教育暢銷書還可以和公司的工會、人力資源培訓等部門聯絡批量推銷；學生類的書籍可以和學校聯絡銷售 —— 批量銷售方式往往會產生事半功倍的效果。

五、信譽第一創品牌。專送店的服務要規範，從接聽電話到上門服務，一定要使用文明用語，送書到辦公室或客戶家中要注重形象、彬彬有禮。條件成熟時還應向客戶贈送購書建議、暢銷書排行榜之類的小冊子，逐漸形成自己的經營品牌。客戶是最好的廣告，這些周到細膩的服務舉措往往會使暢銷書專送店的牌子越打越響，生意越來越興旺。

關注身邊事，做個細心人

一說起「情報處」，往往讓人聯想到戰爭時期刺探情報的軍事部門。一個好的情報可以決定一次戰鬥的勝負甚至會左右整個戰局，其實商戰如實戰，在企業經營或個人創業過程中，商業情報的作用也非同小可，一個好情報帶來鉅額效益或救活一家企業的報導曾多次見諸報端 —— 一句話，情報能創造效益。同樣，充分利用高科技資訊手段和個人資源，開一家收集和有償轉讓

情報的「商業情報處」也大有銀子可賺。從銀行辭職的李穎女士就依靠她的「商業情報處」實現了創業夢想。

李女士在銀行先後從事過電腦網路、祕書和調查研究工作，後來看到個人創業熱潮一浪高過一浪，便辭去工作，一心一意研究起如何創業。

憑著多年的銀行工作經驗，她知道對於競爭日趨激烈的金融業來說，在硬體、服務等條件相當的情況下，誰掌握了存款資訊、找準了行銷目標，誰就會在競爭中獲勝。正因為這樣，許多銀行千方百計的動員員工或聘用社會資訊員廣泛收集資訊，並對有價值資訊進行重獎。而她在銀行工作時，與政府各單位打交道較多，人員也較為熟悉，加上她對資訊管理和電腦網路也相當精通，於是，她決定利用個人優勢，開一家「商業情報處」。

首先，她在當地瀏覽率較高的入口網站申請建立一個叫「商業情報網」的網頁，與一些網站建立了連結，並將「商業情報網」的內容登入到各家搜尋引擎上，多方位打出了為金融、保險、證券以及企業融資、改制、經營提供「特供情報」的廣告。此後，她馬不停蹄的穿梭於政府、招商引資、財政等部門之間，透過老熟人了解和掌握有價值資訊。同時定期透過網際網路搜尋查閱相關網頁內容，並訂閱了大量的報刊和剪報資料，及時對各種資訊進行分類、收集和整理。

在一次朋友聚會中，她偶然得到一個消息：某某單位將對一項金額為 10 億元的基金向銀行進行協定存款招標。此後，她迅速收集與此相關的基金規模、運作時間、常規招標利率等資訊，並結合前期收集的各種金融資訊，連夜撰寫了某某基金招標資訊及競標意見書。第二天一早，她就拿著這份重要情報，找到了一家重視存款資訊工作的銀行，銀行主管看過後如獲至寶，當場承諾事成給予重獎。基金招標開始後，這家銀行由於得到資訊早、準備工作充分，於是輕鬆擊敗對手，一舉競標成功。此後，銀行兌現承諾，付給李女士 40,000 元的情報費。

初次嘗到情報賺錢的甜頭，李女士便越做越有勁。某保險公司為了研究制定行銷策略，想做一項關於當地保險市場的調查研究，苦於掌握的資料和情況太少，於是找李女士幫忙。因為李女士平時注意收集資料，加上她各方面關係較廣，結果很快向保險公司提供了較為全面的保險市場研究及分析，保險公司驗「貨」後非常滿意，及時支付了 10,000 元的「情報費」。其實，李女士提供的這些情報幾乎全是公開的祕密，比如：全市各地的財政收入、居民平均收入、平均儲蓄額等資料曾刊登在年初的當地報紙上；全市各保險公司的保費收入以及分紅、家財等險種的營業額從各公司網站以及他們印製的宣傳資料、新聞稿中也能查到；其他一些關於政府、金融監管部門對保險公司的政策等內容也能從政府、監管部門的政訊資料和報告中找到。只是由於她平時注重收集，所以到了用的時候，便如同囊中取物一般輕鬆。透過眾多成功的業務合作實例，以及網路和其他媒體的宣傳推介，李女士的「商業情報網」逐漸建立了良好的信譽，客戶群體也不斷擴大。

在站穩本地市場的基礎上，李女士又以發展的眼光盯上了全國市場。她招募了多名學資訊的兼職大學生，透過網路、報刊等媒體對各行各業的有價值資訊進行收集整理並研究分析，定期編發石化、煤炭、金融保險、招商引資、個人創業等十多個門類的商業情報匯編。此後，她透過電子郵件群發、信函等方式定期向全國的部分客戶贈閱。由於她編輯的情報匯編具有較高的實用價值，於是許多客戶便申請成為會員。目前，她在全國已經發展了 500 多個會員客戶，每個訂戶的年費為 4,000 元，這樣她每年的營業額就高達 200 萬元 —— 依靠「商業情報處」，李女士既為眾多的客戶帶來了效益，也

使自己走上了成功的創業之路。

「商業情報處」不用專門的辦公場地，一臺電腦、一條寬頻網路線便可以開張，同時，「情報處」投入少、報酬率高，確實是一項非常好的創業項目。但李女士的實踐經驗告訴大家：開「商業情報處」絕非輕而易舉之事，周密謀劃、適當行銷事關創業的成敗。

占有眾多情報資源是創業成功的基礎

在所有情報收集方式中，最便宜、最全面、最及時的莫過於網路，用戶可以利用搜尋引擎的複合搜尋功能進行搜集。比如，想搜集煤炭價格方面的資訊，可以在搜尋欄打上：「煤炭（空格）價格（空格）資訊（空格）各地」，這樣就會準確的搜尋出不同城市的煤炭價格資訊。另外，不同網站的搜尋功能也不盡相同，從資訊搜尋量來說，Google 性能較好。除了搜尋以外，也可直接從網站瀏覽，根據客戶構成情況，可以將一些網站分門別類建立我的最愛，比如了解政務資訊、投資動態的政府、行政事業單位網站;了解化工、機械、建材以及金融、保險等內容的行業網站；了解客戶競爭對手資訊的企業網站等等。同時，要處理好與相關資訊部門的關係，必要時可從不同部門聘請兼職資訊員以及訂閱相關報刊和剪報資料，以使自己手中掌握的情報資料更加全面、實用，為業務開展打下基礎。

提高情報品質和突出特色是創業成功的關鍵

商業情報一般分為業務情報和行業情報，有些行業情報能從網路上查到，但有些具體業務方面的情報則要依靠其他管道去搜集。比如某項產品的市場情報，則需要安排專題的調查活動，並依據調查結果對市場百分比、成長預測等要素進行研究，實際操作起來具有一定難度。因此，「商業情報處」

應當量力而行，切忌什麼「案子」都接，自己不熟悉的、能力所不允許的則不要硬做，否則草草應付會砸了自己的牌子。同時，要提高對情報的分析能力，必要時可聘請兼職的情報分析員，對情報提出指導性建議，突出一切為客戶的服務特色，力爭每一件情報都是「精品」，讓客戶感到物超所值。另外，要處理好提高情報品質與遵守法律法規的關係，不能單純為了搜集高端情報，而違反法律法規。

合理行銷是創業成功的保證

商業情報與其他商品不同，它帶有一定的虛擬性，有時是先有商品，然後找市場，有時是先有了客戶需求，此後才能生產商品，這就使客戶信任和接受商業情報具有一定難度。因此，要注重創意行銷與傳統行銷的有機結合：一是要對「商業情報處」進行廣而告之，設計好業務推介書，利用網路等媒體進行廣泛宣傳；二是要利用各種社會關係展開行銷活動，主動上門徵求客戶對產品的需求情況，為客戶量身定做適合的產品；三是對於行業資訊類的情報可以透過郵件群發的方式，先向客戶贈閱，獲得客戶認可後再進行有償服務；四是可以建立「商業情報查詢網」，在保證網頁品質、獲得一定瀏覽率的前提下，對資訊內容進行鎖定，只對會員開放，會員支付年費後可憑密碼從情報網上搜尋、瀏覽合適的資訊。而這時作為「情報處長」的你，在做好網路資訊維護的前提下，只需要坐在家裡等著數錢就行了。

誰說高處不勝寒

修電腦硬碟月收入十萬元

從事電腦工作一般三十來歲就算年齡偏大了，因為電腦技術日新月異，

對觀念新、思維靈活的年輕人更為適合。可誰曾想到，今年已經 52 歲、只有國中學歷的老林卻在當地電腦行業站穩了腳跟，並且成了遠近聞名的電腦硬碟維修商。現在，小到幾百元的硬碟壞掉修理，大到數萬元的公司資料恢復，他每日平均的業務量高達三十多人次，月收入高達十幾萬元。

老林是一名退休人士，曾在電視臺從事電器維修工作。雖然只有國中學歷，但他對電子類產品似乎有天生的悟性，加上勤奮和鍥而不捨的個性，他對電器維修逐漸達到了「爐火純青」的地步。用同事們的話說，有「影」的（電視機、），出「聲」的（收音機、答錄機），會「跑」的（鐘錶、機車），沒有老林不會修的。因為有這些手藝，在公司時他可是個大忙人，公司的事本來就忙得不可開交，個人找他修電器修錶的也絡繹不絕，除了認真做好工作以外，老林沒少利用業餘時間為大家服務。辦理退休以後，雖然清閒了許多，但和過去不同的是，獎金沒有了，各種補貼取消了，而家庭日常花費卻一分也不能少，關鍵是正在大學學鋼琴的女兒更是需要高額的學習費用，以致家庭開銷經常會捉襟見肘。為了家庭生活，更是為了孩子，老林開始思考如何找到門路，利用自己的一技之長進行創業嘗試。

第一桶金

一次，一位朋友找老林修電腦顯示器時順便說起公司電腦的硬碟壞了，打算過幾天買個新硬碟，關鍵是舊硬碟資料的遺失對公司可謂損失慘重。朋友的話使他突發靈感：現在用電腦的公司和個人越來越多，硬碟故障維修率相應提高，同時，電腦病毒猖獗也經常造成電腦資料的遺失，如果學會維修硬碟和恢復資料的技術，為使用者排憂解難，豈不是一條很好的生財之道嗎？於是他和朋友商量，看能不能「死馬當作活馬醫」，把壞硬碟拿來讓他修修看。朋友說：修電器你可以，但硬碟是高科技產品，在這裡還沒聽說誰能修硬碟呢！但最後朋友還是抱著試試看的想法，幫老林送來了那塊壞硬碟。

此後，老林閉門謝客，一頭鑽進他的小屋，潛心研究起了電腦硬碟。他先從網路上查閱關於硬碟結構、維修等方面的資料，把那塊硬碟拆了裝，裝了拆，連續幾個晚上苦思冥想，反覆思考。真是皇天不負苦心人，幾天之後，憑藉過去電子維修技術的累積和幾天來對電腦硬碟近似痴迷的鑽研，他終於查出了硬碟線路板上的故障，換了個小零件以後，那臺硬碟竟然被修好了，並且遺失的資料全部得以恢復。

他把這個消息告訴朋友的時候，這位朋友說啥也不相信，可當他親手從硬碟裡找出了那些曾傾注公司員工汗水的資料時，竟然像孩子一樣高興得手舞足蹈，一個勁的說：老林真是太神了！省下了買新硬碟的開銷，保住了珍貴的資料，朋友公司的主管特地登門感謝並給了老林 15,000 塊錢。老林再三推託，說自己只不過是花幾天時間而已，又沒有什麼成本，說啥也不應拿這麼多錢。朋友說，你賺的這是「智慧錢」，省下買新硬碟的錢不說，單這硬碟資料 5 萬塊錢也買不來，所以給你 15,000 塊錢一點也不多。拿著這 15,000 塊錢，老林頗有感慨：沒想到用技術賺錢竟這麼容易！

開店做生意

從此以後，老林就迷上了硬碟修復，開始為開店做生意做準備。因為老林有基礎，對硬碟電路板的維修很快就掌握了，但透過軟體進行硬碟分區、將壞磁軌隱藏、改寫硬碟參數標誌、資料恢復等操作則技術性很強，多數軟體是英文版，於是他找出女兒上高中時的英語書，並購買了大量電腦硬體方面的書籍，從記憶一個單字、理解一個專業術語入手，先後對照英文程序拆

裝了三十多塊硬碟，並且最終的修復率較高；為了確保開業萬無一失，他還到專業的硬碟維修中心進行了系統學習。有了好本事才敢接工作，他在當地電腦城租了一間小店面，打出了「專業硬碟修復中心」的牌子。

開業伊始，由於多數人對硬碟修復不太了解，同時對老林的技術也持懷疑態度，所以上門的僅限於熟人和熟人介紹的小客戶群體。多年的電視臺工作經驗告訴他，要拓展市場必須加大廣告投入。為了達到少花錢多辦事的效果，他有針對性地選擇廣告方式，在電視臺打跑馬字幕，在當地各網站建立廣告網頁，並且印製了《硬碟保養和維護手冊》免費向電腦城商家以及網咖、學校等電腦使用者發放……隨著廣告力度的加大，大家對硬碟修復和資料恢復有了更深的了解，老林的硬碟修復中心業務逐漸多了起來。加上太太為他當著會計兼店員，老林越做越得心應手，也越做越有來勁。

經營之道

老林常說：「大家對硬碟修復的認知度本來就不高，如果技術再不過關的話，很可能就會導致創業失敗。」為此，老林把保證一流修復技術作為自己經營的第一目標，他不斷從網路上了解最新的硬碟修復資訊，並與各地的電腦硬體研究機構建立長期的技術合作關係，同時註冊和購買了各種硬碟修復軟體，還博採眾長總結出了一套簡便可行的硬碟修復程序，一流的技術支援確保了他的硬碟修復率處於當地領先水準，以致週邊區域的電腦維修商把自己修不了的硬碟特別送到老林這裡修復，結果多數獲得了令人滿意的效果。為檢驗自己的技術在同業中到底處於什麼地位，老林還背著幾臺被同行們公認為無可救藥、但他卻曾多次修復的硬碟來到 A 市，結果他在當地繞了一個星期，五臺硬碟均被判定無法修復。這回老林心裡有了底，回來後亮出了一道經營的「殺手鐧」，他鄭重承諾本店無法修復的硬碟，如果本地其他店能修好，他免費送同容量新硬碟一臺。這雖然是老林的一個「促銷點子」，但這一招的效果卻超出想像，不但擴大了業務量，而且逐漸奠定了老林在同行中「技術大哥大」的地位。

人無信則不立。老林非常看重「誠信」二字。大家都知道技術維修行業具有一定的特殊性，某些業者偷工減料、以次充好、任意誇大故障而漫天要價似乎是業內公開的祕密，但老林自有他的經營理念：店欺客一時，客欺店一世，賺錢不能昧良心。凡是來維修硬碟和恢復資料的，他均提供免費測試，然後向客戶說明故障原因和收費報價，供客戶選擇。對許多舉手之勞的小故障他便提供免費服務；對於修復後兩個月內又出現無法修復故障的，他會主動退回客戶的修理費。親朋好友對他這種「有錢不賺」的做法不理解，老林說：「信用是無價之寶，你賺不到他一個人的錢，但可能會賺到他介紹來的三個人甚至更多人的錢。」有這樣好的信譽，這樣樸實的經營之道，我們沒有理由不相信老林的硬碟修復中心會越來越受到喜歡。

開家「只一期報社」

看到這個題目大家也許會感到困惑：報社哪有自己家開的？再說了，啥報紙也不能只出一期呀！可老崔就開了一家這樣的「報社」，目前老崔的頭銜是「只一期報社」的社長兼總編兼排版印刷兼發行。這麼跟你說吧，報社就他一個人。什麼？這樣的報紙能有市場？告訴你吧，報社的生意好著呢！目前老崔已經「出版發行」了一百多期樣式各異的報紙，找上門的新舊訂戶絡繹不絕，老崔的月收入已經達到了 40,000 多元。

逆境之中發現商機

老崔曾在一家絲綢廠從事廠報編輯工作，由於企業不景氣，老崔被裁了員。此後，經朋友介紹，老崔到了一家廣告公司工作。

公司基本全是畢業不久的大學生，他們年輕、精力充沛、接受新鮮事物快，所以每月公司的業績排行榜上，老崔總是倒數第一，「人又老，錢又少，同事又嫩」，老崔感到工作壓力越來越大。同時，在這樣的企業天天要小心翼翼的看老闆臉色行事，隨時都有被炒魷魚的危險。老崔覺得自己的精神快到了崩潰的邊緣，再在這個公司待下去，非弄出毛病來不可。

在經過一番認真考慮之後，老崔辭去了這份令人提心吊膽的工作，開始了自己的創業嘗試。可是，真正自己做起事情以後，他才深深體會到：工作不易，創業更難！短短一年多的時間，他開過餐廳，站過購物中心裡的玩具櫃檯，賣過服裝，但均因市場競爭激烈和經營問題而宣告失敗。

那幾天老崔正在家閉門思過，分析創業不利的原因，這時一位朋友找上門，想讓他發揮做過廠報編輯的特長，幫他設計一份和報紙一樣的結婚《喜報》，以留作紀念，並送給部分親朋好友。編輯報紙不是外行，老崔先把新娘新郎的婚紗照以及兩人從小到大的幾張經典照片用掃描器輸入進電腦，然後根據現場採訪，將兩人的戀愛故事用散文的形式表達了出來。此後是編輯正文、畫版、彩色輸出樣報，最後經過校對，一份製作精美的《喜報》便正式「出版發行」了。

結婚那天，新郎、新娘除向來賓發喜菸、喜糖以外，還每人贈送了一張圖文並茂、印刷精美的《喜報》。大家都認為這種喜慶方式新穎、高雅，並且有紀念意義，便像拿寶貝一樣把《喜報》收好，高興而去。

事後，有幾位當時參加婚禮的年輕人透過這位朋友找到老崔，想讓老崔也幫他們編印一份《喜報》。

因為是朋友介紹，老崔均一一答應。此後那位朋友告訴他：「我把他們介紹給你，可不是讓你白做事，你可以適當收取印刷工本費和手工費。」老崔一想：也對呀！一份報紙的「編輯出版費」收 6,000 元應當不算多，印刷費另算，這樣每兩天出一份，一個月下來就是 80,000 多元的收入，編這種報紙不用本錢，也沒有風險，我何不專門開一家「只一期報社」？

為客戶解憂添喜

這幾個年輕人的結婚《喜報》成了老崔的第一筆生意。不過，一開始老崔倒沒這麼「黑」，一個是考慮朋友的面子，再一個也是需要大家幫他做「免費廣告」，所以，在保證辦報品質的前提下，他只收印刷工本費。朋友的朋友自然都很高興，到處替他做宣傳，有位在電視臺當記者的朋友還把他自辦《喜報》的事拍成新聞短片，在他們一個叫《文化沙龍》的節目播出。

廣告的效應你不服不行，透過這些宣傳，「只一期報社」名聲大振，找老崔「出版」紀念類報紙的客戶一時踏破門檻。

除了結婚《喜報》以外，老崔還陸續接到了一些孩子週歲紀念、老人祝壽以及結婚紀念日等相關內容的訂報需求，他均按照客戶的意圖，精心設計，反覆修改，直到讓他們滿意為止。

某企業技術員張先生年輕時因個人婚姻問題和父親產生了誤解，父子倆整整六年沒有再來往。隨著自己兒子的長大，張先生漸漸體會到了父母養育兒女的艱辛，便後悔當初不該和父親翻臉。他想登門向父親道歉，但考慮老頭脾氣太倔，怕吃閉門羹。當時正巧趕上老人要過七十大壽，於是在別人的推薦下，他找到老崔，想幫老人做一張祝壽的報紙。面對客戶的信任和重

託，讓老崔既感到榮幸，又體會到了肩上擔子的分量。他整整一夜沒有合眼，苦思冥想如何做好這張特殊的報紙。最後，按照他的設計，張先生拿來了自己小時候和父親的合照、現在三口人的全家福以及小兒塗鴉的一幅「祝爺爺生日快樂」的兒童畫，老崔發揮他的文學功底，安排了「幸福的童年」、「在父愛裡成長」、「對父親的祝福」等幾個主題的版面，一番編輯、排版之後，這份凝聚著濃濃親情的祝壽報便成功做好了。

當張先生領著妻兒登門向老人祝壽，並懷著懺悔的心情遞上這份特殊禮物時，父親感動得老淚縱橫。父子從此前嫌盡釋，言歸於好。

從別人的愛好中賺錢

老崔的「只一期」報紙不但能幫客戶添喜解憂，還能從別人的愛好中賺錢。

有一次，他們地區的一個集報收藏者慕名找到老崔，在看了他「編輯出版」的一些樣報之後，非要出 1,000 塊錢買他二十份內容不同的報紙，並且說集報愛好者們最熱衷搜集創刊號，而他的這些報紙既是創刊號，又是終刊號，是「舉世無雙」的絕版。

從這件事上，老崔受到了啟發。他首先透過 Google 搜尋引擎，搜出了許多集報網站，然後便在各網站的論壇上廣泛推銷自己的「絕版」報紙。透過網路這一特殊媒介，老崔現在已經與各地的八十多個集報愛好者建立了長期合作關係，定期向他們提供新出的報紙。有人說成本 5 元的報紙，老崔賣給收藏者是 50 元，屬於「暴利」。但老崔覺得這符合市場的規律，物以稀為貴嘛。不信你到各大收藏網上看看，過去一些僅值幾分錢的報紙號和創刊號還賣到 5 萬多元呢！

如今老崔的「只一期報社」越來越有名。當然，經濟收入也在不斷增加。

生財要有來錢道

如今創業熱潮一浪高過一浪，在就業壓力增大、商品經濟活躍的情況下，人們對創業致富表現出了極高的熱情。某市不久前對大學學生的一次問卷調查顯示：有 80%以上的在校大學生希望有朝一日自己開公司、當老闆。但是，調查同時也顯示資金問題是他們創業的最大顧慮，因為無論開什麼店鋪，做什麼生意都需要本錢，而創業伊始，多數人積蓄較少，啟動資金成為創業的「瓶頸」。在這種情況下，如何籌集資金成為廣大創業者最為關心的問題。向別人借錢，如果不是很好的關係，十有八九會碰壁；關係好的倒是能借出錢來，但人家又不好意思要利息，讓你總覺得欠個大人情。其實，目前銀行的貸款種類越來越多，貸款要求也不斷放鬆，根據自己的情況正確選擇貸款品項，便能獲得銀行的貸款支援，從而避免籌集資金過程中的各種尷尬，使個人創業變得更加輕鬆。

創業貸款：活用政府和銀行的優惠政策

劉先生自畢業後一直替別人工作，收入低不說，還要整天看老闆臉色行事。後來他產生了自己創業的想法，在經過一番市場調查和綜合衡量之後，他決定開家單身公寓。他準備先在附近租賃三套舊房，進行改造和簡單裝修，然後分別租給單身上班族或外地求學者。按照預算，裝修以及購置簡單家具的開銷為 75 萬元；房主要求一次預繳一年房租，三套房子須預付 25 萬元，這樣整體的創業啟動資金是 100 萬元。劉先生的企業一直效益不好，基本沒有家庭積蓄，所以這 100 萬元錢像大山一樣擋在面前。他曾一度想打退堂鼓，但單身公寓的良好市場前景又確實讓他動心。

猶豫之際，他向一位在銀行專門從事信貸工作的朋友求教，這位朋友向他推薦了銀行剛剛推出的一項叫做創業貸款的新業務。在朋友的指點下，他以自住的房屋作抵押，到銀行辦理了創業貸款。貸款拿到手後，劉先生才發現這種貸款不但手續簡單，而且還享受20%的利率。依靠這筆創業貸款，劉先生的單身公寓很快開張了，並且生意非常好，扣除貸款利息等開銷，每月的房租淨收益在 50,000 元左右。他頗有感慨的說：「過去只知道大企業才能貸款，沒想到如今我們這些失業員工也能享受到貸款待遇，有這些支援，我們再也不會為創業資金發愁了。」 創業貸款是指具有一定生產經營能力或已經從事生產經營活動的個人，因創業或再創業提出資金需求申請，經銀行認可有效擔保後而發放的一種專項貸款。

抵押貸款：押上別人的產權自己發財

趙先生原先是一家工廠的司機，去年公司裁員，他在拿了一筆資遣費之後，成了一名失業人員。這時，趙先生所在的地區開始動工建設高速公路，土建工程需要大量的工程車輛，而現在工程承包者多數不自己購買車輛，而是透過租賃車主的車輛，然後按工作量向車主付酬的方式解決。趙先生經過一番了解後，覺得買輛運輸車承攬土建工程是一條非常好的生財之道，但買車需要一筆不菲的資金，一輛砂石車新車約 200 萬，而他手中僅有 50 萬左右的資遣費，所以他只好求助銀行。

在銀行工作人員的幫助下，他首先在指定的汽車經銷公司看好了一輛 15 噸砂石車，並以擬購車輛作抵押，和銀行簽訂了 150 萬元的抵押貸款合約。最後，在交了 50 萬元頭期款後，他便把這輛新車開回了家，並很快在工地承接了土方工程。如今，趙先生又僱了一個司機，一天工作十多個小時，每月的收入達到 20 幾萬。他對未來充滿了信心，他說照這樣下去，一年的時間就能賺回買車的本錢，到時還上貸款，再賺的錢就可以裝進自己的荷包了。

抵押貸款是指按照擔保法規定的抵押方式，以借款人或第三人的財產作為抵押物而發放的貸款。辦理抵押貸款時應由銀行保管抵押物的有關產權證明，特別是對於房屋按揭和汽車貸款，雖然房子你用著，汽車你可以開著，但嚴格的說，產權已經抵押給銀行了，你擁有的只是使用權。

質押、保證貸款：挖掘你的其他信貸資源

李女士想開一家某品牌化妝品的連鎖店，按照總部的要求，需要繳納 25 萬元各種費用。她手中有 5 萬元現金，並且有一張 25 萬元的定期儲蓄存單，本來打算辦理提前支取，但銀行工作人員提醒，提前支取會造成較大的利息損失。在這種情況下，銀行理財顧問向她推薦了一個理財網站的「提前支取和辦理質押貸款哪個划算」的計算工具，李女士登入網站，按照提示輸入 2XXX 年 12 月 1 日存入、本金 25 萬元、三年期定期、計劃在兩年後的 12 月 1 日辦理提前支取，以及存款時三年期利率 2.70%、當前活期利率 0.72%、貸款利率 5.04%和貸款期限 0.5 年等資訊，按下「計算」，結果顯示：辦理質押貸款比提前支取多收益 11,220 元。於是，她便辦理了質押貸款，既及時籌齊了創業資金，又避免了提前支取的利息損失。

近年來各銀行為了行銷貸款，提高效益，在考慮貸款風險的同時，對貸款質押物的要求不斷放寬，除了這種存單質押貸款以外，以國債券、保險公司保單、個人信用等信貸資源也可以輕鬆得到可用於創業的個人貸款。

保單質押貸款是以銀行認可的人壽保險保單作為質押，從銀行獲得個人貸款的一項新業務。借款人如果持有壽險保單，並且有穩定的收入和有按期

償還貸款本息的能力，便可辦理此項貸款。個人保單質押貸款期限最短為半年，最長一般不超過三年，同時不能超過質押保單的繳費期限。另外，持有人壽保險單也可以向開辦此項業務的保險公司直接提出貸款申請，因為近年來由於急需用款等原因而要求退保的客戶不斷增多，保險公司又不想失去客戶，所以便有針對性的推出了保單質押貸款業務。此種貸款的期限一般低於銀行保單質押貸款，貸款金額不超過保險單當時現金價值的 80%。對投保戶來說，辦理保單質押貸款後，仍可享受被保險的一切權利。

如果你沒有存單、國債，也沒有保單，但你的妻子或父母有一份較好的工作，有穩定的收入，這也是絕好的信貸資源。當前銀行對高收入階層情有獨鍾，律師、醫生、公務員、政府部門員工以及金融行業人員均被列為信用貸款的優待對象。而且這種貸款不用辦理抵押、評估等手續，如果你有這樣的親屬，可以以他的名義辦理貸款，在準備好各種資料的情況下，從而較快的獲取創業資金。

需要提醒大家注意的是：無論辦理哪種貸款，均應按照合約的要求按期償還本金和利息，如果不能按時還款，銀行會收取一定的滯納金，並會根據情況採取扣收抵押、質押物、追究擔保方責任等措施。另外，銀行還會將借款人的信用情況記錄為「不良」，信用制度完善後，有不良紀錄的借款人會被各家銀行聯合「封殺」。常言說有借有還，再借不難，按期還款能提升個人的信用指數，也為日後的貸款擴大經營開啟了方便之門。

創業要趁早

拿破崙所向披靡，威名遠揚，他有一句名言：我的軍隊之所以打勝仗，就是因為比敵人早到五分鐘。打仗是這樣，早到五分鐘會搶占有利地形，從而獲取勝利的籌碼；商戰如實戰，創業中比別人早一個月乃至早幾天抓住商機，同樣會成為創業的勝利者。

我的同學小張從學校畢業後一直找不到工作，看到如今創業熱潮一浪高過一浪，於是便想自己做點事業。雖然缺少創業資本，但他有一股「初生牛犢不怕虎」的闖勁，並且商業嗅覺非常靈敏，他便根據自己的特點，考慮起了本錢小、調頭快的小本經營項目。

當時，SARS 的出現在社會上引起了一陣恐慌，當地藥店的體溫計全部缺貨，多少錢也買不到，許多市民非常著急。他發覺這就是一個絕好的賺錢機會。於是，他立即尋找體溫計的進貨管道，可轉遍了市內所有的醫藥器械批發商，最後還專門跑了大城，均沒有找到現成的貨源。

後來，受到從網路上查資料的啟發，他打開了搜尋引擎，打上「體溫計」、「廠商」、「供貨」等複合搜尋字樣，結果得來全不費工夫，從搜出的網頁資訊中，他輕鬆查到了某縣儀器廠有體溫計現貨出售。他立即用電子郵件和該廠銷售部聯絡，經過一番 E 來 E 往，討價還價，他和廠方達成了購貨意向。此後，他向父母借了 10 萬元，按照廠商的要求，使用剛剛開立的網路銀行辦理了線上匯款，僅僅幾秒鐘的時間，資金就匯進了對方帳戶中。

四天後，廠商送來了一萬六千支普通水銀體溫計和一千支電子體溫計。當時，全市只有他手中有體溫計現貨，雖然物以稀為貴，但他沒有漫天要價，發不義之財，而是根據自己的進貨成本，每支體溫計適當加價進行銷售。由於他售價合理，產品品質有保障，所以一萬多支體溫計很快銷售一空。他自己賺了 10 萬塊錢，又為市民防疫做了貢獻。

半個月以後，許多人盯上了這個賺錢項目，紛紛效仿小張，想方設法購進大量體溫計，但此時的市場已經「今非昔比」。一是疫情減輕，購買體溫計

的人數減少。二是小張的一萬多支體溫計已經使當地市場基本飽和，後來的進貨者因為落後於市場節拍，結果造成了貨物積壓。

初次嘗到了利用資訊技術快速尋找商機的甜頭，小張幾乎天天泡在網路上研究和分析市場。他看到疫情過後，人們的健康觀念轉變很大，各大讀書網站上健康類書籍一度名列暢銷書排行榜前列，於是，他利用自己剛剛賺到手的 10 萬元，申請建立了一家健康與教育暢銷書銷售網站，專門經營疫情之後人們喜歡看的健康類書籍，並經營教育書籍和學生模擬試卷。今年大學入學考和高中入學考前夕，他和學校的區域網路以及部分網咖舉辦了一項「瀏覽教育暢銷書銷售網，免上網費」的行銷活動，他藉此推銷一所著名中學編的模擬試卷，幾天的時間就淨賺 3 萬多元。

說起今後的打算，小張說，賣暢銷書和模擬試卷不是長久之計，賺了錢就跑才是「真道理」。這不，他坐在剛剛裝修一新的工作室裡，又開始天天盯著網路搜尋新的賺錢商機了。

商海中有人賺錢，有人賠錢，創業難、賺錢難是多數人的體會。小張成功的例子告訴我們，步別人的後塵很難賺到大錢，提高賺錢的嗅覺，利用現代化資訊載體抓住「比別人早到五分鐘」的商機，才會在激烈的商戰中穩操勝券。

成敗只在不經意之間

阿平大學畢業後，憑著一股初生牛犢不怕虎的闖勁，東借西湊籌集了部分資金，開了一家電腦專營店。有一次，他聽說 A 市有一家公司處理庫存電腦，售價很低，便用借來的 40 多萬元資金，以低於市場價 30%的價格購進了三十臺電腦。本以為會發一筆大財，可是電腦賣了不到三分之一，顧客便紛紛找上門，反映電腦品質不過關，要求退貨。經技術鑑定，這批電腦的軟碟機和光碟機存在品質問題，阿平立即趕到 A 市聯絡退貨，誰知售貨方已經人去樓空。

沒辦法，他只好一一向顧客賠禮道歉並做退貨處理 —— 100 多萬元的貨物積壓，「破財」已成定局。

這時許多債主聞訊後紛紛上門要帳，阿平煩惱得幾乎要跳樓。實在沒轍了，他只好抱著盡量少賠的想法找到一所大學，準備將這些電腦半價處理。剛進校門，他看到多媒體教室外有好多學生在排隊，一問原來是在等著上網。雖然當時大城市已經有了網咖，但對其他縣市來說，人們對網咖還很陌生。這時他突然來了靈感，改變了低價處理電腦的想法：上網的電腦一般不用軟碟機和光碟機，乾脆就用這些電腦開一家網咖。

於是，他在學校附近租了兩間房子，不僅進行簡單裝修，配齊了桌椅，還申請了網路通訊線路，他的「新世紀網咖」便開張了。乾淨舒適的環境，一排排嶄新的電腦，吸引了大量的學生顧客。從早上 7 點到晚上 12 點，他的網咖幾乎天天爆滿，一臺電腦一個小時就為他帶來 15 元的淨收入，這樣下來，三十臺電腦一天能收入 7,500 多元，結果沒用半年便收回了包括電腦在內的所有投資。後來他繼續擴大經營，陸續開了五家分店，幾年下來，他已經累積了近百萬的資產。

但是創業之路總是充滿了坎坷，「破財」在不經意之間就會突然降臨。

在一家網咖發生火災之後，開始大規模整頓網咖，按照當地政府的要求，阿平六家網咖中有四家被要求停業整頓。同時，學校和家長對學生的管理加強了，網路通訊公司也趁機以免入網費、寬頻包月優惠等措施來吸引民眾實現家庭上網，網咖的客源大大減少。而這時他剛剛投鉅資開了一家全市

規模最大的網咖，其他網咖的電腦等設施也剛剛進行了更新等等。面對突如其來的變化，「破財」似乎又成了定局。

但是，和上次「破財」不同，阿平沒有像其他網咖老闆一樣怨天尤人，坐以待斃，而是臨危不驚，積極尋求減少「破財」或「生財」的機會。經過一番周密考慮，他做出了忍痛「割肉」，放棄網咖轉向其他行業的決定。

在進行充分的市場調查之後，他發現雖然如今電腦越來越普及，但當地電腦培訓，特別是電腦應用技術的培訓卻跟不上，如果辦一家電腦應用技術學校，可以使現有的大批電腦設備重新找到用武之地，從而盡快扭轉這種「破財」的處境。

僅僅用了一週的時間，阿平就將各分店租賃的房子全部退掉，裝修一新的網咖也低價轉讓。此後，他從當地大學電腦系聘用了十名兼職講師，租賃了某職業學校一個閒置樓層，打出了「新世紀電腦技術學校」的牌子。他沒有像普通電腦學習班一樣只開設基礎電腦課，輔導學生拿一張電腦等級證書，而是根據市場的需求開設了電腦平面設計、電子商務與應用、電腦維修等多個實用技術班，並與許多用人單位實行聯合辦學，確保學生結業後都能找到適合的工作，從而提高了學校的吸引力。

良好的市場定位和正確的教學管理，使阿平的電腦應用技術學校不斷發展壯大。一年後，他乾脆自己買下了一棟樓，購置了最先進的電腦設備，提升了學校的教學等級，並且他還著手準備開一家「線上電腦應用技術學校」。他的資產也如滾雪球一般越滾越大，已經成了名副其實的「千萬富翁」。

當別人問起阿平的經營祕訣時，他總是說：多虧了那兩次「破財」——是「破財」給了我「生財」的機會。

創業中因投資失誤、政策變化等意外原因，難免會造成「破財」，甚至會面臨破產的境地。這種情況下，是以「破財消災」而聊以自慰或以「命中註定」而沉淪消極，還是從哪裡跌倒從哪裡爬起來，在「破財」中找到新商機呢？其實任何事物都有它好的一面和壞的一面，關鍵是看你能不能像阿平一樣抓住這個「壞事變好事」的機會。

策略決定一切

一條街上有兩家電影院，在市場不太景氣的情況下，兩家影院的老闆都在使出渾身解數爭攬顧客。路南的影院推出了門票八折優惠，路北的影院接著就來了個五折大酬賓。對於顧客來說，同樣情況下當然都願意去花錢少的影院，於是，路北的影院生意興隆，路南的影院門可羅雀。

路南影院的老闆不甘坐以待斃，於是一賭氣，乾脆來了個「跳樓大拍賣」——門票打兩折。按照當地消費水準和行業常規，影院門票五折以下已經毫無利潤可言了，路南影院打兩折的目的是為了把對手徹底擠垮，然後好再進行「價格壟斷」。誰知他們剛剛把顧客拉過來，路北的影院接著就推出了門票一折優惠，並且每人另送一包瓜子。

哇！哪有這樣做生意的，門票打一折是 5 塊錢，一包瓜子也有成本吧，這等於是白看電影呀，路北影院的老闆是不是瘋了？路南影院的老闆驚得直吐舌頭。但顧客可不管老闆是不是瘋了，有這樣免費午餐的好事絕對不能錯過，於是顧客紛至沓來，影院天天爆滿。這回路南影院的老闆實在沒有勇氣參加競爭了，便宣告倒閉，關門了事。

大家都以為路北影院這時會恢復競爭之前的價格，但這個送瓜子的「賠本生意」卻一直堅持了下來。

半年多的時間過去了，路北影院的老闆買了奧迪轎車，房子也換成了高

級別墅，一副發了大財的樣子。原路南影院的老闆對此百思不得其解，為了弄清真相，便透過朋友打探路北老闆的經營祕訣。

在費了一番周折之後，他終於弄清了事情的真相。路北影院 5 元的票價要賠錢，送瓜子更是賠錢，但送的瓜子是老闆從廠商特製的超鹹型五香瓜子，看電影的人吃了瓜子後，必然會口渴，於是老闆便派人不失時機的賣飲料，飲料也是經過精心挑選的甜口味飲料，結果顧客們越喝越渴，越渴越買，飲料和礦泉水的銷量大增 —— 放電影賠錢、送瓜子賠錢，但飲料卻為老闆帶來了高額利潤。

這家影院老闆實際上是採用了「聲東擊西」的賺錢術。商海中有人賺錢賺在明處，有的人則像這位影院老闆一樣，採取了隱藏利潤點、迂迴賺錢的策略。利潤點隱蔽得好，顧客認為你做的是「賠本生意」，他便會覺得自己花的錢值得，從而也就會痛快的掏腰包。聲東擊西，悶聲發財實際上蘊涵著經商的大智慧。

同行未必是冤家

有這樣一則寓言：一個人開了一家小超市，生意還算過得去。後來他的旁邊又開了一家同樣的小店，由於對方比他更會經營，結果沒用半年的時間就把他擠垮了，不但過去賺的錢全賠了進去，而且欠了一屁股債。他對這個讓他破產的對手恨之入骨，可是他又沒有別的辦法，飢寒交迫之際他只好求助上帝。上帝說，我可以答應你兩個要求，但第二個要求的前提是你最仇恨的人會得到你要求的兩倍的東西。在經過一番認真考慮之後，他答應了。他的第一個要求是：給我一箱金銀財寶；第二個要求是：把我打個半死！

仇人被打死，他自然幸災樂禍，可是他自己在被打得半死之後，由於傷到了身體要害，幾天以後也丟下金銀財寶，不治而亡。

有句老話說「同行是冤家」。這個寓言說明的道理是，當你千方百計欲置冤家於死地的時候，自己往往也不會得到好結果，弄不好就成了寓言中這樣的結局。所以，如何處理與競爭對手的關係，對廣大經營者來說是非常重要的。

這是一個真實的故事：在 A 市的一條街上有三家同樣的服裝店。一開始他們也像這位一心想把對手置於死地的人一樣，採取競相壓價、造謠誹謗等「小動作」來排擠對方，恨不能讓對手趕快關門倒閉。可是後來，消費者見他們互相詆毀，商品價格也非常離譜，便對他們的信譽和商品品質產生懷疑，結果最後誰的生意都做不成。三家店鋪日漸冷落，經營慘澹。

後來，一個偶然的機會，三個店主坐在了一起。他們都意識到了經營下滑的原因，經過一番坦誠協商，三家簽訂了友好經營協議。首先，他們按照「不坑消費者，自己有盈利」原則，達成了相同商品實行統一零售價的「價格同盟」。因為如今精明的消費者購物時很少有轉一個店就掏腰包的，最起碼要「貨比三家」。這樣，消費者從第一家店出來，一直走到第三家店，結果發現商品的價格是一樣的，消費者便認為自己「不會花冤枉錢」，而從其中任意一家購物，單從店鋪相隔的距離來說，消費者選擇三家的機率是一樣的。

在進貨、促銷等方面，他們也按照協議進行了密切合作：三家店「集體採購」減少了進貨成本；清倉處理、節日促銷，他們共同舉行宣傳和企劃，擴大了聲勢，提高了行銷效果，時間一長，顧客們都知道在這條街上有三家價格公道、經營規範的服裝店。友好合作使三家店的商業信譽越來越好，經營效益較合作之前也翻了兩番。

三家店鋪和氣生財，實現「三贏」，向人們說明了一個商品經濟條件下經

商的道理：你想排擠別人的時候，有可能也排擠了自己；而你盡力去與別人合作、幫助別人的時候，實際上也幫助了你自己。

俗語之中有「真經」

如今，人們的消費行為越來越理性，面對面買東西還要睜大眼睛、慎之又慎，更別說看不見摸不著的網路購物了。據說連網路銀行都有假的，你說在網路上還能相信誰？正是因為大家對電子商務信任度的降低，致使網路開店的難度相應增大，許多網路商店只能保本經營，有的甚至舉步維艱、面臨關門，把這些小店的「CEO」們愁白了頭：難道大家對網路商店就這麼難接受嗎？其實，先別怨天怨地，你應該先看看自己的「管理經」「經營經」是不是讀懂了。下面幾個民間俗語中的經營「真經」或許會對你網路上開店有所啟發。

「人靠衣服馬靠鞍」——貨好還須巧打扮

消費者去街上購物，多數人會選擇正規的大商店、大超市。同樣，對於網路購物，大家也是青睞有名氣、有實力的網路商家。如果是本身就有固定經營地址的網路商店，你不妨把現實公司的信譽轉移到網路上來，將公司的辦公場地、廠房等硬體，以及消費者協會等部門頒發的榮譽展示於網頁上，消費者對你的信任感會更強。同時，消費者見不到商品實物，一般是要靠貨物圖片決定購物意向，一幅模模糊糊、沒有重點的商品圖很難引起人們的興趣，所以，網頁上的商品圖片一定要用解析度高的數位相機，找對角度，再配以適當的燈光和布景進行拍攝，或者乾脆花錢請專業廣告攝影人員對你的商品進行「包裝」。這樣，在保證物美價廉的情況下，你就不愁消費者不掏腰包了。

「煮熟的鴨子不能讓牠飛了」——經銷之中有學問

經過一番精心打扮，好不容易有人看上了你的商品，而且從那麼難打開的錢包裡掏出了錢，這時「煮熟的鴨子千萬不能讓牠飛了」。首先是你必須用最快的速度處理訂單，並按照服務流程為客戶提供優質服務。如果你承諾 24 小時之內送貨上門，那就絕對不能 25 小時。一筆交易完成，除了賺到一筆利潤之外，客戶的聯絡電話、電子信箱等資訊也是一筆「無形財富」，你可以充分利用這些資訊對客戶進行追蹤式服務。比如詢問客戶是否在規定時間內收到貨物；隔上幾天再用電子郵件、電話、簡訊等形式詢問客戶對所購商品是否滿意，並可藉機介紹你的新產品。對購物一定金額以上的客戶你還可以贈送 VIP 貴賓卡，給予適當優惠，讓客戶感受到你的重視，而一旦習慣了你的服務，這些客戶將是你利潤的泉源。

「店欺客一時，客欺店一世」——信譽是個無價寶

誠信經營是任何經濟行為必須遵循的法則，相對實際店鋪來說，誠信更是網路商店的生命。現在少數經營者認為網路商店的遠端服務是「只做一次生意」，網路配送又不是當面交易，即使有點品質問題或短斤少兩，消費者也無可奈何，所以在經營中一切從利潤出發，從而忽視了企業信譽。有句老話說「店欺客一時，客欺店一世」，網路購物受一些客觀因素的局限，消費者有可能上當，但他們絕對不會上第二次當，商家在贏得眼前小利的同時，也就永遠失去了這個客戶，正所謂撿了芝麻，丟了西瓜。所以，網路商店在安排貨源、貨物發送等環節中要確保貨物品質，寧可不賺錢也不能讓假冒偽劣、殘次品流向消費者。只有形成了誠信經營的良好口碑，網路商店才能獲得長足的發展。

「麻雀雖小，五臟俱全」——店小也要嚴管理

線上店鋪的員工雖然不多，但也要以人為本，建立適當的管理機制和激勵機制，讓員工從被動型優質服務，向主動型優質服務轉變。你可以在網站上設立一個「服務臺」，展示店主和員工的照片、影片，標明員工的服務星級，讓客戶自己選擇上門服務人員，這樣不但能激勵員工做好工作、提高星級，還能增加客戶接受上門服務的安全感。同時，也要設立「投訴臺」，公布投訴電話和總經理信箱，當消費者對服務不滿意時，可以方便、順暢的向管理階層反映，從而不斷改進網路商店的服務。店小規矩全，嚴格的制度、適當的管理，會讓你的網路商店更具生命力。

第七章　出奇制勝：智慧決定一切

有人會跟「錢」過不去嗎？相信沒有，誰會傻到故意與「錢」為敵。只是這「錢」的脾氣並不好捉摸，你想讓它變得越來越多，可它偏偏會變得越來越少，為此不少人都對「錢」的問題感到撓頭。

無意插柳柳成蔭

一個從山區走出來的女生，怎麼能和「女老闆」連在一起呢？

「剛開始我的動機非常單純，只要賺夠嫁妝就回家。家庭太窮了，但在短時間內，一種責任改變了我的狹隘思想，我不得不留在這裡，不得不強迫自己一定要在這塊地方生存下來。我的職涯是一個顛沛流離的過程，在這個過程中我悟出了一個道理，出來工作不為謀財，就為謀見識謀能力謀前途。」

楊柳青出生在山上，山裡山外甚至每一條山溝溝裡，到處可見鬱鬱蔥蔥的楊梅樹，她早期的獨立意識僅僅是摘楊梅或南酸棗等山外面的人來收購，換點錢幫補家用。

8 歲那年，老家發生了一場非常大規模的森林火災，奪去了最疼愛她的父親的生命，她對父愛的點滴回憶只是父親曾經讓她騎在脖子上四處遊逛，然後就是經常到父親的墳前放一束野花或一捆野草了。守寡的母親含辛茹苦，將五個小孩拉拔長大，楊柳青是獨女，排行老四。

在她讀四年級的時候，母親旁敲側擊的對她說：「家裡窮，如果妳能讀書，我還是讓妳讀，如果妳不想讀，日後不要怪媽媽偏心。」她聽懂了母親的話，家裡實在太窮，就說不讀了。小學沒畢業的她開始了照顧家裡的本分，挑水砍柴，開荒種地，養雞養鴨，其餘時間看書進修，寫寫小說散文。

女大十八變，在她出落得水靈靈的時候，就開始有媒婆上門提親了，母親說還小呢。有一些林場工人經常在她母親面前開玩笑，說妳的女兒大了，可以嫁了，但母親還是說她還小呢。

當她 19 歲時，母親對她說：「妳是到了嫁人的年齡了，可是家裡窮，沒有什麼可以給妳做嫁妝？」於是楊柳青一咬牙，就跟著一個叫梅的小學同學離開了山區。有誰會想到這個穿著打扮土裡土氣的小女孩，若干年後會是化妝品行業中一個響噹噹的人物，個人資產數百萬？「我覺得是這裡塑造了我，剛開始我沒打算做生意，我只是想工作賺夠了嫁妝就立即回去。」

某一年的春天，寒風凜冽，楊柳青進了一間民營製衣廠，學的是電車，做的是車位。廠裡訂單不少，每晚都要加班到深夜三、四點鐘。短短十天的培訓期過後，她被安排在流水線上，多勞多得。如果工作時間長，睡眠不足，就會打瞌睡，車衣骨時，一不小心手指就會被車針軋傷。「那時每個月能領到一萬多塊，很開心，我想，辛苦一點算什麼，一年下來，也該有個幾萬塊了。」

這樣的打算確實很實在，然而不久，美夢就被擊碎了。一天，她因為太疲累，一不留神，車針就從她的食指邊軋了過去，她尖叫一聲，看見血從翻起的皮肉上不斷冒出，組長扶她到簡陋的衛生所上了最普通的消炎藥，還沒有回到車位她就被炒了，而且廠裡所有來自同家鄉的人都被炒了，這使她莫名其妙。在出廠門時，才有個保全人員告訴她，昨天辦公室的財會楊小姐捲走了廠裡的大筆貸款逃走了，老闆恨屋及烏，就把全廠和她同鄉的都踢出廠門。

她孤立無助，只好先住進廉價的旅店，之後到處找工作。找了五天，終於找到了一份速食店的工作，包吃包住，月薪 20,000 元，獎金另計。速食店早上 5 ： 30 起床，晚上 11 ： 30 才下班，這個時間內一雙手幾乎不能停下來，累得她幾乎想回家。恰好弟弟考上了大學，上面三個哥哥各有家庭，經濟並不寬裕，賺錢供弟弟讀書的重擔就落在了她的肩上，為了弟弟不至於失學，她留了下來。一段日子後，楊柳青了解到老闆娘曾在外頭工作了六年，才開起了這間速食店，便萌生了日後當老闆的念頭，在速食店短短的五個月，徹底改變了她只想賺嫁妝的初衷。

有天晚上，睡對面床的同事說：「OO 縣有一間電子廠在招工，聽說做得好可以轉正，可以遷入戶口，一起去吧！」她猶豫了一下，但一想到可以遷入戶口，心便熱了。這個機會誘惑力太大了！無論如何，她都要去試一試，老闆娘的加薪許諾，沒能留得住這兩顆嚮往的心。

進了廠，做倉管。她以為有的是充沛的精力、上進精神、責任心，就可以受到廠方重視，就可以有轉正的那一天，哪知這種期盼遙遙無期，況且薪資並不高。不久她就背著簡單的行李離開。

採訪楊柳青時，她感慨萬千的說：「我人生的轉捩點是在下一個城市，那時到處都在建工廠，到處都在招工，誰快誰就進廠，根本不看什麼學歷。」

在那裡，聽到哪裡招工就去哪裡問，自己是新手也去碰碰運氣。她做過幾天酒家的工作，僅僅是幾天，她就覺得，酒樓會讓人學會奢華，儘管穿上旗袍會令她光彩照人，但這並不適合她的性格，還是希望能到廠裡面多學一些新的東西。她想，假如一個人練到渾身是刀，每一張都鋒利，哪裡不能活人呢？於是下了中班後別人在午休，她就偷偷溜出去找工作。

「誠信能博得別人的好感。當我明白將來要成為什麼人時，就不能圖一些蠅頭小利，不是自己的勤勞所得，我絕不貪心，除非是有一個遊戲規則，讓我發現可以賺錢，我會撲過去，即使是冒風險。」

楊柳青到一家塑膠廠面試，很順利的被錄取了。仍然做她的老本行，做一名倉庫保管。塑膠廠是香港老闆開的，不大，但做的都是大宗生意，所有生產出來的塑膠原料都送往大型的電子廠和五金廠。倉管有兩個人，她跟的是一個叫嫦的客家妹，只有在她用不太道地的客家話與嫦說話時，嫦的臉色才會好一點。嫦是這間廠的老倉管了，有絕對的權威，為了立足，忍氣吞聲都不能得罪嫦。倉管清閒，是一份美差，貨物的供銷都管，甚至可以管接洽上門的業務，講價、開單、送貨，嫦很得老闆的信賴。楊柳青初來乍到，要慢慢熟悉，可是就在熟悉的過程中，發現了嫦的作弊行為，每當送貨或講價時，客戶總是偷偷塞錢給嫦。日子一長，客戶也注意到了楊柳青，面對這些「黑錢」她猶豫不定，嫦見她不領情，臉色就更難看了。

一個星期天的下午，她和嫦忙著上貨，按廠規，兩個倉管各執一單，各有一份出貨記錄，包括詳盡的每一批的重量、數量、金額，貨上得差不多時，嫦就到辦公室計數，不知是巧合還是老闆有所覺察，突然開車回來，平時逢週末，老闆總是回香港與家人團聚的，這次可能有什麼事發生。老闆巡了廠房又巡倉庫，便阻止上貨，要走了楊柳青手中的原始紀錄上貨數目表，叫客戶直往辦公室。楊柳青惴惴不安，擔心自己受到牽連，可是轉念一想，自己並沒有做對不起廠的事，怕什麼呢？下班時，嫦被當地警察帶走了。夜路走多了遇到鬼，受賄和出貨數目有出入，嫦這次麻煩了。由於貨還沒出廠，證明了楊柳青的清白，她的紀錄和貨是對得上的，而嫦在記錄時，刻意減少了 100 包，也就是說 24,500 公斤的貨物可能神祕失蹤。「因為那一次事件，我獲得了晉升的機會，嫦被炒了，老闆信任讓我管倉庫，我拿的薪資是嫦以前的那個數字，我慶幸自己沒有變壞，要是與她同流合汙，我就要坐牢了，我的一生也就完了。」在塑膠廠做倉管期間，她強迫自己學語言，學電腦，參加企業管理函授，還接觸過直銷，為實現自己的老闆夢打下基礎。

機會的到來，完全靠敏銳和信心。冬季一個非常偶然的機會，結束了楊柳青的受僱生涯。一次，她跟送貨車去一家大電子廠，送單去給倉管簽收時，偏巧倉管不在，辦公室到處都是電話模型，沙發上還有幾份報價單。她突然入了迷，市面上的電話售價要比廠的底價翻了幾倍，她浮想聯翩：如果有這樣一間專賣店，我不是發達了嗎？倉管回來後，楊柳青要了一部樣機回

去，一有空就了解市場行情，行業資訊，覺得可以試一試。老闆夢促使她辭了工，拿出積蓄下來的 45,000 多元背水一戰。

找好店面，掛上了「捷訊電話總匯」的招牌。廠商允許墊貨，但要繳一部分訂金，她資金不多，廠商墊給她的貨當然不多。開業前的一天晚上，她興奮得熱血沸騰，拆下電話的包裝，擺進已擦得乾乾淨淨的玻璃櫃時，因為不太熟悉，每種機型都要看看送貨單，細心的核對，到了深夜 12 點，還沒有忙完，一直忙到凌晨 2 點才休息，到了約 5 點又被冷醒了，風吹得鐵捲門哐嘭哐嘭響，好像有人拚命敲門，她嚇得跳了起來，神經緊張的她突然想到鑰匙，記不清是否留在外面，要是有男人打開門進來就糟糕了，她立即爬起來撥打 110。直到警察趕到，她才敢拉起鐵捲門。外面並沒有壞人試圖打開門，而是風的緣故。警察走了，也帶走了她驚慌的情緒。8 點鐘把門敞開，等生意上門，一個 30 多歲買菜的中年婦女進來了，她要一臺電話，楊柳青熱情洋溢的為她挑了一臺，帶鎖的，可以全鎖或鎖 0，教會她所有的功能，還介紹清楚售出後半年可換新機，兩年內包維修。女人滿意的買走了一部粉紅色的電話。「等顧客走遠，我興奮得不得了，那臺電話我淨賺了 1,500 元。那是我生命中做生意賺的第一筆錢，1,500 元，我一輩子都記得。」楊柳青的生意就這樣做起來了，服務態度好、維修快捷，送貨上門，為了讓整個地方的人都知道，她狠著心把開店半個月賺的錢通通拿到電視臺做了廣告，沒想到廣告播出第三天就忙得她手忙腳亂，一個月下來，人瘦了，可是銀行的存款已接近六位數。一個人忙不過來，就請家鄉的表妹來幫忙，這是楊柳青的第一個員工。她經常一天工作十六個小時以上，努力做了一年，總計營業額 95 萬，成本核算後，淨賺了 60 萬，這一年她買下了一間 27 坪的住房，從遙遠的山區接母親過來住，盡自己做女兒的孝心。「當時做電話較少對手，較少競爭，利潤較高，簽了合約後，貨款可以翻單算，先由廠商墊底，拿第二批貨時結第一批的帳，假如這樣好的機會我都沒有抓住，沒有跨出這一步，我就只好一輩子幫別人工作了。」（很多人都是從零售開始而做大的，因為零售不需要多大的本錢）

「母親體弱多病，弟弟要讀完大學，貧窮天天在威迫著我，令我到處尋找賺錢的機會，漸漸的，形成我對商業的敏感。其實到處都有讓你賺錢的機會，如果不去發現，它是不會自動向你報到的。我不相信運氣，我對『一分耕耘一分收穫』這句話深信不疑。」

店中有了表妹的幫忙，減輕了楊柳青的負荷。她每天抽出半天看別人做生意，摸行情，看差價。這裡是一塊熱鬧的土地，大量外商投資設廠，大量外地人的介入，擴大了消費族群，生活本身就隱藏著無限的商機。一定要把握商機！她腦子在轉。她發現自己店中的貨似乎單調了一點，可真的要增設，一時又拿不定主意。有一天她去髮廊洗頭，聽見老闆娘嘮嘮叨叨在埋怨買化妝品要到市區。為什麼要到市區買呢？楊柳青不信，就問，這一問，幾個等洗頭剪髮的女人一起發起了牢騷，這裡地方太小了，連一間像樣的化妝品店都沒有，賣場裡不是沒有化妝品，只是品項不多，都是些垃圾貨。楊柳青若有所思，插了一句「貴一點的化妝品在這個小鎮會好賣嗎？」髮廊的老闆娘說：「妳別小看了這地方，富婆多著呢！」楊柳青曾做過化妝品直銷，有這方面的專業知識，她決定做化妝品。「經常留意身邊的事，社會就會告訴你，人們需要什麼，畢竟這個社會不是想像中那麼單純。轉做化妝品是一條好路子，我想做出自己的特色，就取了『新芳芳』的名號。」

進行市場調查後，楊柳青東挪西借籌足資金，毫不猶豫就在離當地不遠的小鎮開起了一間集世界名牌化妝品與美容於一體的「新芳芳（美容）化妝

品專賣」綜合店，她早起熬夜，訂貨、入倉、開單、結帳，累得她團團轉。為了成為這方面的行家，她抽出時間去香港學習，取得了化妝師與美容師的專業資格，之後每逢星期天，就召集售貨員在一起，把化妝品的知識灌輸下去，讓每個員工都能在顧客面前介紹得頭頭是道，這樣的好處有兩點，一是可以把貨賣出去，二是為日後開分店培養負責人。（要多學習，成為行家）由於凡事親力親為，有人說她不像個老闆，倒像個業務員。「我非常忙碌，店裡雜七雜八的事情堆積如山，都是要做的，要處理的，我好像是在為自己工作。不督促她們把貨賣出去不行，本錢投下去了，要馬上收回來，在一買一賣中賺取利潤，好逸惡勞的人做任何事都不能成功。我的工作原則是增加周轉率，不斷擴大市場占有率。」楊柳青這些年已悟通了「錢生錢」、「利滾利」的奧妙，這裡滿街都是女人，是女人就注重外表的打扮，她們為了促使自己更出眾更漂亮，一般不惜以高價購買豪華的服飾及化妝品，這一點楊柳青看得非常準確，因此她時刻注意著流行的趨勢和市場變化，以便迅速搶得先機，吸引女性顧客。

某天，楊柳青無意躲進一家購物中心透涼，中心裡人頭湧湧，也可能很多人像她一樣進去透涼的，她靈機一動：在這裡開一家分店生意一定不會差！她在二樓、三樓到處看看，頭腦的思路越來越清晰了。當機立斷，新芳芳名下又多了一個「孩子」。不久，以連鎖的形式又在幾個小鎮開了三家連鎖店，把培養出來的人安插在店中帶新招募進來的人。等到其他化妝品店不斷湧現，楊柳青已開起化妝品批發部了。趁著氣氛還沒有消散，她又在遊人如鯽的購物中心打出「城市麗人」的旗號，同時開了五家連鎖店，專營女性飾物、內衣精品、金銀玉器等，而熱情周到的服務更是吸引了不少顧客。

隨著生意的不斷擴大，楊柳青從與代理商打交道轉向與生產廠商洽談，憑著滾打中鍛鍊出來的口才和多年信譽，她與廠商建立了銷售、售後服務一條龍網路。「有的朋友問我：『妳怎麼會從一個一無所有的受僱者到擁有幾千萬的老闆？』我只能告訴他們，這是生活逼的。有的人問我：『妳小學都沒畢業，怎麼這麼聰明？』我只能告訴他們，我小時候讀書少，這不能說明我這幾年少讀書，如果某商學院請我講課，我不會比教授差。」

有人曾經總結了一條「八二定律」，意思是，20%的人占有世間 80%的財富，而 20%的財富就只能由 80%的人去分攤。它的另外意思是，如果你只想做那種 80%的人，只須做出 20%的努力就行了。

理財理出發財路

四年前，她和新婚的丈夫在 A 市工作，住的是租來的房子。四年後，她在 A 市買了兩棟住宅，擁有了幾百萬的資產！

她沒有中樂透大獎，也沒有炒股票，更沒有繼承鉅額遺產，每月薪水沒超過 25,000 元，而是僅僅靠著新穎獨特的投資理財方式，她便成了擁有以上財富的「小富婆」。

現年 28 歲的楊洋，從大學服裝設計科系畢業後，為了和男友劉益待在一起，她放棄了老家的工作，留在了 A 市，應徵到一家房地產當銷售業務員。

後來，劉益換了一家公司。新公司很遠，每天上班都要轉車，很不方便。於是，夫妻倆便商量把租了兩個多月的房子退了，再到新公司附近去租房子。房子很快就租好了，可是要搬家時，他們卻遇到了一個新的問題。

原來，當初租房子時，為了讓房東把租金降下來，他們和房東簽訂了一年的協議，並且一次性付清了一年的房租 54,000 元。而現在剛剛住了不到三個月，房東肯將剩下的九個多月的房租退給他們嗎？果然，當楊洋去找房東

商量時，房東一口回絕道：「已經收了的錢我是絕不會退的，你愛住就住，不住你們可以再租出去，反正這一年之內，房子的使用權是你們的。」

房東的話讓楊洋眼前一亮，她想：「對啊，為什麼不把房子再租出去呢？這樣起碼可以減少一點損失吧！」於是，楊洋說做就做，立即寫了租屋啟事拿到附近的廣告欄去張貼。考慮到剛搬進來時，他們花了幾千元刷了一遍牆壁，房子看上去很新，楊洋故意將月租價格提高到了 10,000 元。她當時的想法很單純：就算人家要求打對折，也能租 5,000 元，起碼能保證不虧本。

那幾張租屋啟事貼出去後很快就有了效果，第二天就有好幾個人來看房子。其中兩個在電腦公司工作的年輕人對這間房子很感興趣，經過協商，雙方以每月 8,000 元的租金成交。按照楊洋的要求，那兩個年輕人一次性付清了九個月的房租。當天，楊洋懷揣 72,000 元，高高興興的搬到了新家。

一樁麻煩事解決了，楊洋不但沒有虧本，反而從中足足賺了 18,000 元！這讓每天在房產公司都講得口乾舌燥的楊洋驚喜的發現：這筆錢賺得實在是太容易了！比自己辛辛苦苦工作半個月賺的還多！

這件事過去以後，楊洋想到：既然轉租房子也可以賺錢，何不乾脆去做個二房東賺錢呢？已經租了幾年房子的楊洋知道：大部分房東都怕麻煩，寧願將房子以較低的價格租給一年一付的人，也不願意租給那些願意出高價但只能三個月付一次租金的人；而大部分租房的人因為生活極不穩定，往往都希望三個月付一次房租，有的甚至希望一個月付一次。在這種情況下，如果自己選擇一些容易租出去的房子，先用較低的月租金以一年一付的方式從房東那裡租過來，然後，再以較高的月租金租出去，豈不是可以賺不少錢？想到這裡，楊洋興奮極了。她決定用手裡的幾萬元做一次試驗，探索一下這條「發財門路」的可行性。

經過研究和比較，楊洋發現 A 地區和 B 地區可供出租的房子比較多，而且大多是當地居民蓋的兩層小樓。於是，楊洋便找到一戶人家，說自己想租一間房子。房東開價就要 15,000 元，經楊洋討價還價後，房東讓到了 12,000 元，但條件是一次性付清全年房租。交談中，當楊洋得知房東共有五間房子可以出租時，當即表示願意將這五間房子全部租下來，並且可以一次性付一年的房租。房東見狀，便將價格一讓再讓，最後，楊洋以一次性付清 60 萬元的條件，換來了這五間房子為期一年的使用權。

簽下租屋協議後，楊洋想了很多的辦法打廣告。先寫租屋啟事，貼在鬧市區的張貼欄裡；然後打電話到電臺的廣告熱線；再將資訊告訴當地的房屋仲介公司。透過這些途徑，楊洋一分錢也沒花，就將租房資訊廣泛而又有效的散發出去了。

經過楊洋的大力宣傳，在兩個月裡，這五間房子全部租了出去，且每間的租金均在 12,000 ～ 15,000 元之間。楊洋提供給房客們的付款方式十分靈活，可以半年一付，也可以三個月一付，這一單生意，楊洋一共賺了 480,000 元。

楊洋還針對一些人需要現成家具的特點，專門去舊家具市場買回了一些床和桌椅，擺在了房間裡，甚至連窗簾都幫忙掛上了，只要房客帶上被子就可以住了。打廣告的時候，除了用上以前的招數，楊洋還動用了網路 —— 在網路上發送租屋資訊。

此後，每當楊洋手上有了一筆錢，她就會去租一間房子，然後簡單裝飾一番再轉租出去。平時只要有一點空閒，她就在 A 市的各個社區繞繞，尋找適合的房源，了解租房行情，成了一個如假包換的「房探」。

就這樣，楊洋利用借房生財的方法，在短短一年多的時間裡就賺了好幾

十萬元。

手上有了錢後，楊洋決定嘗試大一點的買賣。做售屋銷售員的她透過觀察發現：開發商通常都將預售屋的價格訂得比成屋低，但老百姓認為預售屋有一定的風險，寧肯多花一些錢也要買那些已建好的成屋，要買一份踏實。

聰明的楊洋立即意識到，只要看好一家開發商，在建房早期先低價買下房屋預售許可證，等整個社區的工程初具規模時，樓價定會在預售許可證價格的基礎上上漲20%甚至30%，這時再把房子轉手賣出去，就能賺個差價。

經過比較，楊洋看中了一個社區。她覺得那裡空氣清新，是個適宜居家的社區，而且價格極其便宜，預售屋每坪只要 10 萬元，就算賣不出去，自己住也不錯。於是，楊洋選了一間兩房兩廳的房子，在三樓，有 36 坪，總共需要 360 萬元。楊洋孤注一擲，將轉租房子賺來的錢交了頭期款後，就耐心的等待房子建起來。

轉眼到了房屋落成，社區通知楊洋，說房子建好了，要她去辦入住手續。楊洋跟劉益去看了房子後，劉益對楊洋說：「這房子不錯，妳別再賣出去了，我們留著自己住吧！租了好幾年別人的房子，也該有間自己的房子了！」可是楊洋堅決不同意。她已經了解到，這時候社區的房價已由當初的每坪 10 萬元漲到了每坪 15 萬元，由於這個價位在 A 市的新房中最低，該社區建好後便吸引了不少上班族前來購房，此時不賣更待何時？

其實，楊洋又何嘗不想早一點擁有自己的房子，但要從投資中獲利，就必須時刻克制內心深處對安逸生活的渴望，保持理智。

於是，楊洋說服了劉益，同時也克制住了自己對那間房子的欣賞和渴望，當即四處發送轉讓廣告，並且將價格定得比開發商的略低一點。

由於楊洋購買的房子在三樓，樓層和朝向都是最好的，因此，幾乎沒費什麼勁，她就順利的把那間房子轉讓了出去。這一次投資，她賺了108 萬元。

楊洋因此得出了一個結論：在投資活動中，冷靜的頭腦和良好的克制力會帶來超值的回報。（要善於總結經驗）

每個上班族的錢都來之不易，何不嘗試讓「錢生錢」？

是投資，就會有風險。楊洋在嘗到一連串的甜頭後，也吃了一次苦頭。隔年年底，A 市開發了一個高級社區 OO 花園。楊洋去該社區做現場考察時，發現那裡實在是太荒涼了，附近既沒有大型購物中心和超市，交通又不是很便利。雖然當時的房價不高，但楊洋經過一番思索後，還是決定放棄這個社區。做出不買的決定後，楊洋又看好差不多同期的位於火車站不遠的另一個社區，在那裡以分期付款的方式一口氣買了三間房子。

然而，這一次楊洋卻失算了。就在她簽訂協定後沒多久，她便聽說 OO 花園已經和市政府簽訂了協定，以免費為政府修建一座公園為代價，換取了大片土地的使用權，OO 花園準備用這塊地建 A 市最大的高爾夫球場，並以此作為整個大樓的賣點大肆宣傳。一時間，OO 花園成為 A 市最熱的房地產之一，短短幾個月，房價就上漲到了每坪 25 萬元以上，而且購房者絡繹不絕。而一直被楊洋看好的另一個社區，因為位置太靠近火車站，噪音太大，銷售情況一直不理想。楊洋使出了渾身解數，花了一年多時間，才成功賣出了兩間房子。雖然還是賺了一些錢，但楊洋知道，剩下的一間房子恐怕是賣不出去了，於是，她和劉益索性搬了進去，第一次住上了新房子。

搬進新房後，楊洋總結了自己此番決策失誤的教訓，發現自己不能光憑個人眼光決定投資方向，而是應該努力學習各方面的知識，特別是要了解政府的規劃，多多總結經驗。

因為轉賣房子比上班的收入多很多，楊洋早已在去年下半年就辭了房產公司的工作，專職做起了「房探」。

在我們的身邊，到處都是有了錢就去存銀行的人，而像楊洋這樣敢於孤注一擲「借房生房、借雞生蛋」的人實在太少了！大家的錢都來之不易，我們為什麼要讓它們躺在銀行裡睡大覺？為什麼不去嘗試一下，讓我們手中的錢再去生錢？要知道，理性的投資理財習慣，往往能更快地把我們帶向幸福生活！

農家女發家祕笈

許雯高中畢業後，在家待了一年，就像所有鄉下女孩一樣，嚮往都市的生活。那年春天，19 歲的許雯帶著媽媽的叮嚀，帶了幾千塊錢，跳上了開往 B 市的客運。然而，一個沒有文憑、沒有專業特長的鄉下女孩，要在競爭激烈的都市找到一份工作又談何容易。口袋裡的錢越來越少，幾天後，許雯連一晚 200 元的私人旅館也不敢再住下去。為節省開銷，她先是在火車站候車室「混」了兩夜，後又在一家人才交流中心的臺階上鋪上幾張廢報紙「睡」了兩晚。

許雯覺得這樣下去不行，於是決定跑到城市邊緣試試運氣。不巧翌日天公不作美，下起了濃密的雨點，雨後郊區的馬路十分難走。許雯一雙破舊的皮鞋早已磨了一個洞，水和著泥沙從洞口湧進她的鞋內，不久腳底被泥沙「磨」出幾個大血泡。可這麼「痛苦」跑了一整天，仍沒找到工作。第二天她沮喪的跑回市區，卻不經意發現農貿市場門口貼了張廣告，上面寫著經營者可免費進場擺攤。

原來，該農貿市場正在招租，考慮到剛開始大家不太願意進場經營，管理單位為此推出優惠措施，即前三個月不收任何費用，意在先把市場啟動起來。許雯認為這是個難得的機會，至少可解決自己目前的生計問題。她當初的打算是，以賣蔬菜為突破口，有了喘氣的機會再尋覓發展空間。

許雯找來幾塊舊木板，架起了簡陋的賣菜攤位，她就這樣邁開了「創業」第一步。由於顧客貪圖方便以及菜販對「馬路生意」情有獨鍾，因此起初進場買菜的顧客不多，加上品項單一，也就一時難以形成客流量，十幾個攤位的生意舉步維艱。反正不用繳管理費、水電費及稅收，許雯就咬緊牙關挺下去。沒想到三個月後，當地政府進行都市建設，占地經營的路邊攤一律通通拆掉。當其他菜販都紛紛入場經營時，許雯已擁有一定的顧客群。面對蔬菜品項日趨豐富起來和市場競爭日益激烈的大環境，許雯立刻調整穩定回頭客的對策，就是開闢服務再加工，亮出一道新賣點。在賣葉類菜的同時，再兼顧海帶、馬鈴薯及紅蘿蔔等生意，並對它們一一進行「再加工」處理。第二步是把所有蔬菜多餘的枝葉去掉，讓其變成漂亮淨菜，意在顧客眼下產生視覺效果，價格則不變。第二步是將海帶泡在水中並用刷子除去泥沙，顧客買回家清洗一下便可燉豬骨頭。再就是將馬鈴薯、胡蘿蔔切成細細絲條並分別擺放得整整齊齊，顧客買回家只要濾下水即可下鍋。這種再加工服務不僅為顧客提供了選擇的空間，同時縮短了做飯時間。此招的「賣點」基於今天都市居民生活節奏不斷加快，家庭主婦自然很快接納這種方便快捷省事的消費習慣。 這一切的確不出許雯所料，小小的攤位自開闢「再加工」服務後，她的生意一天比一天好起來，平均每天淨收入漲到 2,000 元以上。月收入 60,000 元，這對在農貿市場擺攤位賣蔬菜的人來說是很了不起的成績了。

隔年春天，許雯的存摺上有了 36 萬餘元，這當然是賣蔬菜積蓄下來的。隨著一些失業工人相繼湧入農貿市場，許雯預感到自己的生意將會越來越難

做，許雯以 40,000 元價格將攤位轉給了別人。

許雯並非無緣無故轉讓攤位的，除了她意識到蔬菜生意日後難做之外，更重要的一點是，她發現附近有一家書屋在等著有人接手。

原來，這家名為「迎春書屋」的主人經營大半年時間，扣去各項成本開支，幾乎沒賺到什麼錢，於是就無心情經營下去。許雯事先悄悄的察看了一下週邊情況，結果發現書屋附近有四個中學，她認為這群學生是不容忽視的賺錢對象。於是，許雯毫不猶豫的甩出 20 萬元，將書屋頂下來，她相信自己能將書屋「做大」。

許雯接手後，停業幾天，把門面內外稍微裝點一下，繼而調整經營結構。進書時，她重點考慮學生需求及其喜愛的書籍，在內容上充分迎合他們的胃口，同時在租書的基礎上，開設零售報紙、雜誌。接下來是「橫向」發展：增置兩臺公用電話，代理接收照片沖印等業務，力求完全利用好空間。生意有了起色後，許雯又將賺的錢投進去購買一臺二手電腦和影印機，開闢打字、影印服務項目，意在贏得更多客人光顧書屋。這樣「做」起來就產生了一個「連鎖」效果：客人在租書時或買雜誌報紙時，會順便打個電話；顧客在打字影印時，有可能買份雜誌或報紙；客人與書屋主人混熟了，將沖印照片的事情交給書屋「代勞」也在情理之中。在許雯的精心打理下，僅半年時間，書屋就大翻身，每月除去各項開銷，居然能賺到十幾萬元利潤。當時說出來也許沒幾個人相信這是真的。

為把書屋經營得有聲有色，氣勢如虹的書屋又陸續添置了名片製作機及照片護貝機，還請了一位員工。到了年底，她所有的投資便全部賺回，她說她的利潤時代到來了。同樣的書屋，到了她手裡卻成功了，為什麼？許雯說：只要突破常規的約束，摒棄直線思考模式，善於利用人的消費心理，側重於多向型和曲線型思考問題，讓思維的射線從四面八方直刺問題的中心，自然會撞出成功的火花。

儘管書屋每月有十幾萬元的收入，但此時的許雯再不是鄉下普通女孩的想法了，當然她不會滿足現狀。因此，她在「玩」書屋時，就已計劃著第二個店鋪的事宜。

元旦這天，一陣鞭炮響過後，許雯的乾洗店開業了。都說時開乾洗店的成本是「肉包子打狗」，精明能幹的許雯何以出此下策呢？但事實終究是有力的佐證。她擺出來的雖然是一套簡單的乾洗設備，但生意不賴，兩個店員似乎忙不過來。加上該店講究品質、收費合理、交貨快捷，因而顧客與日俱增。許雯自然是忙上加忙了，好在書屋與乾洗店只有 500 公尺的距離。

夏天，本是乾洗店的淡季，許雯的乾洗店卻反而比早春更熱鬧。原來她增加了「另類」服務，只要能用水洗的，諸如什麼長褲、短褲、襯衫、裙子、襪子等普通衣物通通不拒，收費視物而定。夏天的衣服有必要送到店裡去洗嗎？普通上班族是否承受得起這個「享受」？誰知許雯的回答如數家珍：我在這裡生活了兩年時間，開乾洗店之前我曾暗自做過「市場調查」，結果發現諸多外來人跑到這裡打天下，日子過得充實而繁忙，有些人透過自己的努力，實現了「時間就是金錢」的價值，這類人基本上達到了用金錢買時間的消費水準。當然，並非每一個上班族都有能力享受這份瀟灑，但這裡是外來人的「據點」，有十分之一的人成為我店的顧客，其收入就可觀啦。

其實，許雯開乾洗店的初衷就是打夏秋兩季節的算盤，與別的乾洗店錯開消費時段。道理很簡單，時下做生意只有與眾不同，方可收到不同凡響的效果。許雯剛才的如數家珍實際「數」得很保守，沒把市場調查中的重頭戲數出來。她在調查中發現，不少手頭寬裕及那些快節奏工作的先生、小姐們

都曾主張她開設洗滌夏秋衣褲業務。這個資訊使許雯意識到有個潛在並值得挖掘的市場，至少有必要冒險去試一下。

作為店老闆，許雯著實有超前的眼力，顧客雖然走的走、來的來，但總是走的少、來的多，這首先就保證了客流量。可不是，年底算總帳，許雯的乾洗店不可思議的「洗」出 65 萬元，而且夏秋兩季占全年營業額的 65%。小小的乾洗店，一年「洗」出 65 萬元，很多人說「打死我也不相信」。

關於說到錢的來路問題，許雯此刻的回答卻有板有眼了：我真的說出了一條財路啊！就說夏秋兩季的業務，那些整天奔波在外的推銷員、廣告業務員、保險從業員，還有一些高階管理人員，他們回到住處洗完澡後，別說洗衣服，有時連臭襪子也懶得洗一下就倒在床上見周公去了。這類人又是高收入一族，他們每星期都定期送來兩包「髒衣服」，裡面什麼內褲、襪子都有。他們常常是送兩袋髒衣服來，拿兩袋洗好的走，而且這類顧客一直在「持續成長」，估算一下，每個常客每月只算 500 元的洗滌費，按 100 個客人計算，一月下來就 5 萬元啊！還有零散的客人呢！

許雯這個「說法」，還有誰會不相信呢？該年大盤點，許雯的書屋收入 40 萬，加上乾洗的 65 萬元收入，這一年她進帳 105 萬元。

問及這個鄉下女孩發家的祕訣時，許雯又恢復了謙虛的本色：我在前面已嘮叨些做生意的心得體會，其實沒有祕訣。有句俗話，事在人為。只要你善於發現，並學會將身邊的消費族群與環境有機的結合起來，每一個人都可以「發達」起來。

照亮「錢途」之路的「神燈」

多少人在追問，商人成功的祕訣在哪裡？阿拉伯有一則神話《神燈》，講到擁有神燈者即可擁有財富，也可以心想事成。其實，現代商人企盼的神燈並非遙不可及，它就在商人自己手中，這就是資訊之燈、勇氣之燈、形象之燈、創新之燈。

訊息之燈：照亮你的「錢」程

當今時代，誰善於收集資訊，誰善於開發有價值的資訊，誰就掌握了商戰主動權。成功的商人都擅長於見人所未見，利用「零次」資訊發財。

要做大生意就要從國家大事中找資訊，國家的政治外交，甚至每一項新政策的頒布，都蘊含著賺錢的機會。在中韓建交前夕，南方一精明的企業家看到中韓高層領導接觸頻繁，預計中韓兩國建交在即，就在離韓國較近的膠東半島購置大量地皮。中韓建交後，他透過轉讓土地使用權，著實大賺了一筆。前兩年，關於環境保護問題的宣傳，做得有聲有色，這是環境保護法頒布的前奏，得此消息的人何止萬千，但一家鄉鎮企業的廠長卻敏銳的意識到一個尚未開發和占領的市場——環保產品市場。他便及時調整該廠的產品結構，開發環保產品。其後，環保法實施，當各地的廠商還坐在辦公室裡研究調整產品結構方案時，該廠早已開發出一體化淨水機、自來水壓力篩檢程序等新產品，從而在環保產品市場上站穩了腳跟。

勇氣之燈：臨機果敢迅猛

勇敢為商人成功必具素養，這是由資訊的共用性、時效性所決定的。商機無時不有，無處不在，但當機會臨門之時，是否能抓住關鍵就取決於勇敢之燈了。在市場競爭日趨激烈的今天，單有識別資訊的慧眼是不夠的，還需要有決策的智慧和快速的反應能力，所謂「靜若處子，動如脫兔」。勇敢不是瞎撞亂闖，而是以自身知識和經驗為後盾，憑高屋建瓴的遠見卓識、果敢迅

猛的冒險精神，當機立斷的做出決策並付諸實施。

形象之燈：指明商海航向

要闖蕩商海，就必須塑造一個富有時代特色的商人形象。以下七點是塑造成功形象所必須做到的。

一、說話要算數。作為一個有遠大抱負的商界人士，一定要努力做到言行一致。如果你不能做或不願做，就不要說你會去做，可以找任何理由推掉，但就是不要說「我要試試看」，否則，會讓對方留下極為不佳的印象。

二、準確守時。對於時間就是金錢的商界人士來說，一定要珍惜時間。珍惜時間的一個表現，就是與他人交往時，要準確守時。尤其是在你和企業界新朋友談生意時，要是開頭的每次你都能準確守約，他們便會認定你處理一切企業事務都是這樣的。反之，對方便不會對你產生信賴感。

三、穿著適合於商業交往的服飾。一般來說，應穿著氣派些，給人不平凡的感覺。但是，追求氣派時不能過度。通常，穿著稍保守些更有意義，它會給人一種穩重的形象。

四、選擇能展現你積極形象的祕書。誰都知道，你的祕書是你和外界交往的連絡人，人們會把他當作你的鏡子，從他的行事方式來判斷你。因此，作為老闆的你，一定要慎重選擇祕書，讓祕書的形象有助於顯示你的形象。

五、幽默感也有助於樹立積極的形象，幽默感也是業務活動中重要的個人資產，幽默是緩和業務活動中緊張氣氛的最有效、最富建設性的手段。如果你能使對方分享你的感情，從而消除緊張感，那麼保證你能占據上風。

六、要有承擔責任的勇氣，企業在經營活動中，難免會出現失誤。一旦發生這種情況，領導者要勇於承擔責任，不能以局勢變化、市場不景氣等種種託詞來替自己辯護，更不能把責任推給下屬。

七、要能給人以信任感，不論管理的範圍大小，這一點對管理者都是適用的。無論是工頭還是經理，只要一旦在人們的心目中成為狡猾的傢伙，就無法受到人們的信任。要誠實，要講真話，而真話是不能打折扣的。總之，管理者必須努力保持被管理人員對他的信任。

創新之燈：永保財源不竭

消費者求新的心理，消費需求的多樣性，市場競爭的日趨激烈，科技的不斷進步，都使創新成為必然之舉。商人如果安於現狀，缺乏創新，事業之樹就會枯萎。

創新的內涵極為豐富，它不僅包含技術、產品，也包含管理模式、行銷策略、經營理念等創意。創意學者奧斯本提出了產品創新的 9 個關鍵字：新用途、模仿、改變、擴大、縮小、代替、轉換、顛倒、組合，對於啟迪思維、創造發明非常實用。如就新用途而言，典型的例子是探討發泡技術的新用途。發泡技術最早應用於麵包，後來美國商人用之於橡膠，於是橡膠海綿誕生了；德國商人則製成了泡沫塑料；日本的鈴木信一則發明了氣泡混凝土，隔音保暖性能俱佳；爾後日本一肥皂廠又利用發泡技術製成洗澡時不沉沒的「浮游香皂」，一時被人爭相購買。

商場的辯證告訴人們：唯思路常新才有出路。

創新永無止境，身在商場便如逆水行舟，沒有創新不進則退。科技是創新的根本，觀念是創新的先導，需求是創新的動力。商人要高瞻遠矚，勇於開拓，不斷創新，為自身發展闖出更廣闊的新天地。

慧眼讓他把500元變成百萬元

在一個偏遠的小鎮上，有一位叫吳冬的年輕人，以500元起家，十多年間賺得數百萬元資產。他的成功絕招只是「五個字」——慧眼識「錢途」。

16歲的吳冬國中畢業後，回到家裡務農。由於家境貧困無生意本錢，吳冬眼巴巴的看著兒時夥伴做生意賺現金。父母好不容易透過賣稻米、做素麵湊了500多塊，成了他開始創業的本錢。他以1,200元的資金，做起了服裝生意。他把自己加工的和進城批發的服裝搭配起來，從用背簍賣變成了小地攤經營，平均每天能賺50幾元。

1980年代末，小城鎮快速發展，服裝市場也跟著活躍，此時，不少人投入大量資金準備在服裝業大賺一場。而吳冬卻放棄了服裝業，他認為：小城鎮畢竟地域有限，大家都往服裝業上趕，將來競爭會更加激烈，像自己這樣的小本生意會容易受淘汰，而目前鎮上副食、百貨、飲食是冷門，何不在這些行業上發展。1990年初，他和妻子在鎮上租了間小門市，改行經營副食、百貨批發。小倆口待人忠厚，講究信譽，生意一做就興盛起來，營業額曾高達一天15萬元。後來，他搶抓商機，投資建房開飯莊，生意也非常熱鬧。去年，麻紡廠因欠銀行貸款倒閉多年，需賣廠還債，只好張榜公開拍賣。而有敏感眼光的吳冬得知這一消息後，立即決定買下。他看中的是麻紡廠的土地和廠房，他認為鎮上新企業增加，廠房就是一塊寶。他不管家人的懷疑態度，大膽借錢，以50萬元買下了占地5畝多、被人視為是廢鐵一堆、爛地一塊的麻紡廠。果然，剛買下不久，一個大老闆就上門來聯絡租廠生產。吳冬每年收 75,000 元的租金，三年後，新投入的設備全歸廠所有。最近內行人士評估，吳冬的麻紡廠，已升值超過 150 萬元。

吳冬慧眼識「錢途」，經過十多年發展，目前他的固定資產加流動資金已達 600 多萬元，成為小鎮上赫赫有名的百萬富翁。

紙條在他眼裡是「金條」

品川芳明失業後，成了東京街頭流浪漢。一天，他在街上漫無目標的行走著，突然看見一家不動產推銷店的玻璃窗上，貼滿了字條，他停下來細看，原來這是一些房屋租售的介紹，寫的都是某某街有一座什麼樓房，面積多少坪，售或租的價格多少等。他看著看著，心想發財的機會來了：如果把這些字條紙收集起來，整理上面登載的資訊，印刷裝訂成小冊子，然後分別售給顧客和房地產商或房屋出租業主，那樣即使顧客看起來方便，又使不動產推介商省卻不少麻煩，更能廣泛散發，讓買賣資訊被更多人知道，利於買賣不動產。相信經營此生意肯定會有市場，大有錢可賺。 品川芳明看中這一財路後，立即行動，他跑遍東京數十條街，廣泛徵求了這些不動產介紹店的意見，問他們需不需要這種宣傳介紹的小冊子，結果大受歡迎。有的怕漏掉，事先預付了訂金，就這樣，品川芳明利用那些訂金，辦起了自己的不動產業廣告公司，買了些設備，並繼續上門收集有關不動產介紹資料，很快就編印成小冊子發售。兩年多的時間，品川芳明賺了 1 億日元。

三年後，他的業務不但包括日本東京的一萬多家不動產業，還包括日本的大阪、名古屋、神戶等數十家城市的不動產業，每年的小冊子印量達數百萬冊。

小冊子數量增多，宣傳範圍擴大，其他行業的商家也紛紛找他登廣告，使其財源滾滾而來。

現在，品川芳明不但經營「不動產廣告」，而且還經營與房產相關的室內裝修等業務。不足十年，品川芳明由兩手空空的流浪漢變成了一個有數十億日元資產的大老闆。

品川芳明能夠在這麼短的時間內創辦起一個財力雄厚的企業，他的成功，除了他善於管理外，最重要、最關鍵的是他慧眼識財源，果斷抓商機，使他一個臺階一個臺階快步走向了成功。

億萬富翁發財靈感源於一個木箱

一天，一個年輕的鄉下木匠走進百貨公司。他是第一次來都市，百貨公司內的商品琳琅滿目，他的腳步卻在一處櫃檯前停住了，貨架上一件商品引起了他的注目。那是一個木箱，樟木箱，不用尺子量，以木匠的眼光，一看便知是 28 寸。出於好奇，他叫店員取下來看看。香樟木，箱面上刻著「龍鳳呈祥」圖，漆是棗紅漆，問價錢，答曰：13,000 元。店員還算耐心，補充道：這種箱子是進口貨，已缺貨了，這只是樣品。

年輕的木匠無心再逛百貨了，走到門口又不捨離去，那個木箱 13,000 元的「天價」驚得他心如鹿撞。他跟父親學木匠十多年，製作扁擔、尿桶、犁耙等農具，也替人製作過不少樟木箱。在他的家鄉，樟木箱的價錢是以「寸」來計算的，一寸 50 元，28 寸，1,400 元；而剛才那個，一經雕刻，竟能賣出近十倍的價格，而且供不應求！真是坐在井裡不知天有多大，他今天算是大開眼界了。那位店員不是說已缺貨了嗎？我何不試試？或許發財的機會就在眼前呢。這麼想著時，他根本抑制不住怦怦的心跳。終於，他壯了壯膽，返回百貨公司找到那位店員，告訴他，他是一家木器廠的廠長，他們廠也生產這種樟木箱。店員說：你拿幾個樣品來看看。

當時，樟木箱是女方陪嫁的必備之物，也是新婚夫婦臥室內的「三大件」之一，一般送一對，體面的送四個，即使是大城市，婚嫁彩禮也不能免俗，故而需求量頗大。小木匠回到老家，搬出家中為姐姐結婚備下的樟木板，請來兩位民間雕刻師傅，精心加工。四個精緻的雕花樟木箱製作完工，隨車託運至百貨公司，負責人看過樣品，當即簽下兩百個的合約。這一筆生意淨賺了 50 幾萬元。

就這樣，這個與父親一起以製作農具為主兼做樟木箱養家糊口的小木匠，在家鄉辦起了第一家木雕廠，雕花樟木箱由此推向其他大城市，繼而東渡扶桑，製作家家必備的佛龕木雕與遍布長島的廟宇木雕，並在日本建立了公司，當地一著名「株式會社」送他一金字匾額：東方雕刻第一家。資本日積月累，商藝觸類旁通，由木雕到銅雕、金雕，海內外市場日益拓展，並以海外市場作為主要目標；日後又投資房地產、娛樂業、餐飲業，不到十年時間，他已成為風雲人物。

市場處處都有「百寶箱」，等待智慧的鑰匙。

「吊蟲鬼」讓他賣了百萬元

大袋蛾，對一般人來說，牠只是一文不值嚴重危害樹木的害蟲，可有人卻發了大袋蛾的財。小高大學考試落榜，在家鄉苦於求富無門，便來到 A 市這座國際大都市裡尋覓一條發財之路。正當他進退兩難時，一天他在河邊徘徊時，與一位養鳥老人聊天。這位養了三十多年鳥的老人告訴他：餵鳥最理想的食物是活昆蟲，用牠餵出的鳥發育好、毛色亮、精神爽，但一到冬季，

活蟲就特別少見，即使肯出高價也難以買到。言者無心，聽者有意。小高馬上感悟到，家鄉樹上不是有許多吊蟲鬼（大袋蛾）嗎？而且這種蟲蜷縮繭中，好藏好運，收購起來運到市區一定能賺大錢。小高進一步摸清 A 市的鳥食市場後，立刻返回家鄉，一邊宣傳，一邊開攤專門收起了「吊蟲」。不到三個月小高淨收入就有 5 萬多元，第二年他又在其他地方設立十四個收購點，年收入猛增到 50 幾萬，連續六年他收購適宜餵鳥的各種害蟲 160 多噸，總收入近 500 萬元，小高收購害蟲成了聞名全市的商人。

許多人苦於致富無門，找不到好財路。其實現實生活中許多消費難點和煩惱就是最好財路。問題是要有善於觀察市場的能力，要有捕捉財路的靈感和嗅覺。小高收購害蟲賣圓了自己的致富夢，他的高明之處就在於他有好的悟感，家鄉「吊蟲鬼」正是 A 市鳥食市場最好、最缺食料。這一瞬間的察覺使他走向成功。

訂報賺大錢

報刊之中蘊藏著大量的資訊資源和商機，匯集著大量的科技、知識資源和學問。因此，人們訂報刊、買報刊，認真閱讀報刊，從報刊中找商機、捉資訊、獲知識、求職業已不可少。

企業決策的參謀。如今，無論是行業報，還是經濟類報刊，每天都以快捷高效的速度向讀者散發著各種政策資訊、市場行情、經濟分析、供求資訊等等，只要留心閱讀都會給企業決策和發展帶來機會。因此，企業在激烈的市場競爭中越來越嘗到了傳媒資訊的甘甜。筆者所熟知的眾多企業領導人中，他們在決策前都要反覆閱讀大量的經濟類報刊，從中掌握政策和市場訊息，指導決策。

農夫致富的金橋。「報中自有黃金屋，報中自有致富路」並非無稽之談。越來越多的人已透過訂閱報刊而致富的事例也屢見不鮮。同時在激烈的商戰中誰的資訊靈、動作快，誰就能掌握競爭的主動權。如，近年由於農產品價格反覆無常，農夫吃盡了「賣難」的苦頭，而如今農夫精明多了，他們大量訂閱報刊，從中尋求致富資訊，掌握市場行情，特別在每年春夏秋種季節，種什麼、種多少，首先要做調查研究，而調查研究的主要途徑是仔細閱讀報刊，從中了解國內、國際市場今年什麼短缺，什麼供大於求等。

百姓生活的嚮導。如今，人們「衣、食、住、行」參閱報刊已在日常生活中占據了極大比例。你只要細心觀察，生活在現代社會的人們越來越離不開報刊了，人們在閒暇時讀報刊，從報刊中吸取營養成了不可缺少的部分。如報刊中的購物指南、醫療天地、飲食起居、生活常識、外出旅遊等專欄在人們的生活中發揮著引導和指導消費的極大作用。

因此，無論你從事什麼工作，都離不開媒體提供的各種資訊，只要多訂報刊認真閱讀報刊，慧眼識「金」，一定能從報刊中尋找和創造出財富來。

讀報讀出 5 萬元

現代生活中，人們的各種新需求，隨時而發。只要多動腦筋，細心觀察，實在不難發現賺錢機會。只是，有人把賺錢路子看得過於嚴肅，過於高深，因而往往忽視身邊隨時都會出現的機會。

1995 年年初日本發生了阪神大地震，這次大地震使該地區幾乎陷於癱瘓。當時，大多數報刊都對此做了較為詳細的報導。但一般人只是從中看看「熱鬧」而已，而有位叫小金的人卻從中「悟」出了商機：大阪的新日本

製鐵所已完全停產，至少半年才能恢復，而該大型鋼鐵廠生產出的優質冷軋薄鋼板（包括冷卷鋼板）每年向本地出口至少在 50 萬噸以上，在本地鋼板市場上甚受歡迎。他預感到這場大地震必然影響到日鐵向本地出口鋼材的數量。於是，他立即把這資訊和以前掌握的相關資料，提供給當地一家鋼材銷售公司。公司經理馬上調集人力財力，吃進四、五千噸優質冷薄鋼板，比其他公司搶先了一大步。果不其然，一直冷清、頻頻降價的優質冷薄鋼板因貨源緊，每噸漲 500 至 2,000 元，那家公司一下子賺了百萬元！經理先生很豪爽，到年底支付小金 5 萬元的資訊費。

小金這 5 萬元賺得很高明，這完全得益於他的「悟性」。他憑著平時資料累積，豐厚的知識功底和一雙敏銳的「市場眼」，從「人人眼中看，個個腦中無」的一則「國際新聞」中，由此及彼，由表及裡，順藤摸瓜捕捉到「冷軋薄鋼板在本地將貨緊價揚」的「資訊」，並及時加以開發利用，因此帶來了好財運。

第八章　創業有路：巧手不愁無米之炊

「人有兩隻腳，但錢有四隻腳。」錢永遠跑得比人快，人追趕不上錢的速度，但卻可以充分利用錢追錢，這就是理財的重要性。

小女子 100 塊錢起家辦公司

18 歲的小耿生平第一次離開老家，隻身一人來到大都市闖蕩。當時，她身上只有 100 塊錢。

初到都市的她，被騙到黑作坊工作，在餐廳當過服務生，還在街上擺過地攤。幾年下來，一事無成，更沒有什麼積蓄。

好勝心強的小耿覺得很沒面子，為此，兩三年都沒敢回家。她暗下決心，一定要在都市闖出名堂來。

正當小耿為前途彷徨時，她結識了一起來大都市打拚的另外三個年輕人。其中一個後來成了她的丈夫 —— 想在都市扎根的阿萬。

經過一段時間的尋找，四個年輕人終於得到了一份推銷清潔劑的工作。小耿覺得這是家家戶戶都需要的日用品，應該比較容易賺錢。可是事實並不像她想得那樣簡單，幾個月下來，清潔劑並沒有賣出多少。小耿認為，清潔劑賣不出去是因為別人不知道它的效果。於是，幾個人一合計，決定用為客戶免費做清潔的方式來推銷清潔劑。

在為客戶做清潔的過程中，小耿發現這是一個比推銷清潔劑更廣闊的市場。於是，他們下定決心，轉做清潔生意。

一張桌子，一個招牌，小耿和幾個同伴開始白手創業。但慢慢的，他們發現走家串戶的做清潔，連養家糊口都很難。而就在這個時候，兩個掌握了一些客戶的同伴又先後離開，這使得生意更難做了。

小耿想，清潔這行門檻低，誰都能做，所以必須抓住回頭客才能把生意做大。於是，她和阿萬商量後，註冊了一家清潔公司。憑藉盡力讓客戶花最少的錢得到最好的清潔服務，他們的生意開始有了轉機。

小耿和阿萬是那種永不滿足的人。他們在做家庭清潔的同時，尋找著新的市場。一次偶然機會，一位當地晚報的老客戶向他們介紹了一份從來沒有做過的工作 —— 清潔高 25 層的晚報大樓。小耿和阿萬沒有放過這次機會，接下了這個大單。但他們的工人從來沒有高空作業的經驗，便從外面請了熟練工人來做，自己的人打下手。幾天後，工作完成了，自己的工人也掌握了技術。這單生意，小耿夫婦賺到了有生以來的最大一筆錢。隨後，晚報把日常保潔、外牆清洗以及水箱的清潔工作，都交給了他們，僅這一個客戶，每年就有幾百萬元的營業額。

幾年來，在大都市的高層建築保潔領域裡，小耿夫婦的公司占據了重要一席。他們的公司也完成了從家庭清潔為主要業務到為公司清潔為主要業務的轉型。現在，醫院、飯店等高級建築清潔是他們的主要利潤來源。走精品、走高級路線成為他們未來發展的目標。

網遊推廣高手兩個月賺 10 萬

統計顯示，網路遊戲數量正以每年 10%的速度成長。雖然遊戲多了，但賣遊戲的人卻難找了。而一直遊走於各大網路遊戲公司的阿彬卻從中嗅出了商機。

今年 5 月，他成立了 B 市第一家網路遊戲推廣工作室，專門在當地市場推廣各款網路遊戲產品，僅僅兩個月就獲利了十幾萬元。

第一筆業務賺 5 萬

阿彬曾開過一家網咖，接觸到了網路遊戲。後來，阿彬幫助一款線上遊戲在當地市場進行推廣。因為工作關係，阿彬和很多網咖都建立了很好的關係，掌握了附近幾個縣市近兩千家網咖的資料。

今年 5 月，阿彬成立了當地第一家網路遊戲推廣工作室。

阿彬的第一筆業務來自線上。當時，一款正準備進入當地的網路遊戲廠商找到了阿彬。由於對方對阿彬做的推廣方案非常滿意，就全權委託阿彬在B 市進行推廣，整個活動做下來，阿彬就收入了約 5 萬元。

贏利方式有兩種

「贏利主要有兩種方式，一是為遊戲廠商進行現場活動企劃，廠商支付整體費用，由我們來運作，我們的利潤在 10%～ 15%左右，一場活動的費用一般在 15 ～ 25 萬元，因此利潤最多就有 22,500 元；二是在網咖進行鋪墊宣傳，收費按網咖的數量計算，每個網咖收費為 75 元，比如一家網路遊戲廠商想在當地 400 個網咖對自己的遊戲進行宣傳包裝，總收入就是 3 萬元。」阿彬介紹說。

口碑效應最重要

阿彬的市場推廣主要有兩個管道，一是朋友介紹，二是把自己做過的推廣案例發給一些網路遊戲廠商。阿彬說：「做網路遊戲推廣，最重要的就是口碑效應。」

因為第一筆業務做得還不錯，今年 6 月下旬，一款新遊戲也找到阿彬，讓其負責在當地的 500 家網咖進行宣傳包裝，阿彬只花了一週時間就完成了任務，順順利利拿到了 37,500 元的收入，加上一些零星的現場活動企劃，6 月分就輕輕鬆鬆賺了上萬元。

網咖廣告正待開掘

雖然阿彬坐擁不少做網路遊戲推廣所需要的種種資源，小日子過得也挺不錯，但他仍然時時感到危機。

「現在我的收入來源比較單一，下一步打算把服務內容擴大，比如我在網咖有很多的資源，但現在網咖的自身資源沒有好好利用。」阿彬介紹道，「現在的網咖收入，一是靠上網收費，二是靠賣遊戲點數卡，三是網咖自銷一些飲料和小吃，收入來源也很有限，但既然自己跟網路遊戲廠商有很好的關係，那麼何不直接談妥一些環境不錯的網咖，買下他們的固定廣告位置，張貼網路遊戲廠商的宣傳海報呢？」

「下一步我準備跟一些網咖業主合作，買下他們室內的一些固定廣告位置，然後我來進行代理外包，因為對一些生意很好的網咖來說，有時的確稱得上是寸土寸金。」阿彬笑稱。

創業就像「跑長跑」

在創業初期的幾個星期裡，只要能生存，什麼樣的業務阿彬都接，他曾創下過在一週之內為 600 家網咖貼海報、安裝遊戲的紀錄；也曾創下過在 8 天時間裡對 800 個行動多媒體使用者進行市場調查的紀錄。阿彬認為，創業的動機之一就是不滿足於現狀，而要突破現狀，就要有長期奮戰的心理準備。

「我覺得，創業者一定要有一顆堅定的決心。要時時想到自己是跑長跑，而不是跑短跑，只有這樣想，在遇到挫折的時候，才不會去計較一時的得失。我天天都告訴自己，一年後，兩年後，我都要在這個行業裡活下來。」阿彬說，創業成功與否，在於自己的心態，只是想靠創業賺點錢來糊口，和想以創業創造一份屬於自己的事業，做出來的東西大不一樣。

據悉，一款網路遊戲開發成功後，能不能得到玩家的認可，主要取決於四個方面，即遊戲的品質、客服的品質、宣傳的力度和推廣的深度，其中最

重要的因素則是市場推廣。

據阿彬介紹，網路遊戲的主要銷售終端是網咖，而玩家在選擇遊戲時往往有一種「從眾」心理，會選擇「大家都在玩」的遊戲，所以有「網路遊戲得網咖者得天下」之說。

阿彬稱，網路遊戲廠商在推廣時，不外乎兩條路，一是透過自己的辦事處推廣，但缺點是經營成本高，要支付辦公室租金、人工開銷等；二是交給自己的遊戲點數卡銷售通路商，由這些點數卡商在賣點數卡時順帶做一些遊戲推廣，顯得不專業。

另外，網路遊戲廠商在 B 市成立辦事處的並不多，不超過四家。目前當地市場上的大多數網路遊戲主要依靠點數卡銷售商代為推廣，由遊戲廠商提供費用支援，同時，這些點數卡代理商對當地的網咖情況並不熟悉，因此很多新出來的網路遊戲廠商往往不願意讓點數卡代理商代為進行推廣。這就存在著這樣一個矛盾：遊戲廠商自己做，成本太高，交給下面的商家來操作，又不放心。

正是由於遊戲廠商面臨著這樣的兩難境地，才給掌握了大量網咖資源的專業遊戲推廣工作室提供了生存土壤。

阿彬創業心得

做市場推廣其實就是做資源整合，因為一個商品的市場推廣需要很多行業的資本累積，不是說做遊戲推廣，就只認識遊戲界的人就夠了。

遊戲推廣成功的關鍵在於推廣後效果的好壞。在這方面，遊戲推廣公司很容易受到上游廠商的限制而影響推廣效果，但最後的失誤卻總算到推廣公司的頭上。

做遊戲推廣其實就是從上下兩頭尋找機會，不管是上游的遊戲廠商，還是下游的網咖，都暗藏著很大的商機。

遊戲推廣市場主要是靠口碑效應，所以寧願少接業務，也要把每個業務做好。

「左手生意」造就百萬富姐

左撇子約占世界總人口的 9%，因為我們的生活用具都是根據右手習慣設計的，所以生活在「右手世界」裡的左撇子們倍感彆扭。而小王就看準了這塊市場空白。

那年，20 歲的小王五專剛畢業，就到 A 市投奔一位在當地工作的同鄉。尋工屢屢受挫後，小王飢不擇食的接受了一份月薪 20,000 元的差事 —— 在一家外資服裝公司當清潔工。一天，小王無意中聽到公司的兩位上班族女性在大倒左撇子的苦水。其中的一位「左撇子」女孩抱怨說，別人可以輕鬆操縱的小滑鼠，一到她手上就不聽使喚了，本來用右手點按滑鼠左鍵是執行程式，點右鍵可以查看檔案屬性，可讓她這個左撇子用起來就亂了套。這個女孩說，因不能靈活的操作滑鼠，有時候為公司查資料、製作報表什麼的，也比慣用右手的人工作效率低，甚至還為此挨過老闆的罵呢！

而另一位做服務設計的女孩同樣是左撇子，她說，8 月 13 日是「國際左撇子日」，可是在這天，她和幾位左撇子朋友逛了半座城市的購物中心，卻沒有買到一件適合左撇子用的商品。聽了這番談話，小王不由吃了一驚。以前只覺得「左撇子」很有趣，卻不知他們在生活中還有著諸多不便，甚至因而影響到工作。

小王還從網路上得知，在西方國家，一些頭腦敏銳的商家已經意識到左

撇子商品中隱藏著「金礦」。倫敦一家名為「ANTE」的左手用品商店已經開設了二十多年，產品分為廚具、園藝工具、文具生活用品和樂器等，如旋緊螺栓、開瓶器、轉盤電話、剪刀、高爾夫球桿等等。而在日本、紐西蘭等國家也有很多左撇子用品店。

看到這裡，小王眼前一亮：這裡有那麼多的「左撇子」，但左手用品市場卻還沒有人開發，這不是一個絕好的創業契機嗎？

經過一番思考，小王決定離開那家公司，嘗試著自己去創業！

結束清潔工生涯之後，小王把心思全放到了做「左撇子」的生意上。然而，小王很快又煩惱了：自己在都市工作近一年，才存下了幾萬塊錢，到哪裡去生出創業資金呢？

這時，小王想到了那位同鄉，以及後來透過她認識的幾位家鄉的朋友。他們都是 IT 員工，月薪豐厚，說不定能幫上自己的忙！當小王把自己想在都市開一家「左撇子商店」的想法講出後，他們紛紛表示這是個絕妙的創意，並願意投資入股。就這樣，小王在幾位熱心老鄉的幫助下籌到了 40 萬元。

「左撇子專賣店」橫空問世有了本錢，等待自己的還有另一個難題：哪裡才能進到左手商品呢？考慮到左手用品在歐洲開發得較早，小王決定到網路上去查。果然，小王在電腦上查到一家設在法國里昂的「左手用品大全」購物中心。自己欣喜若狂，立刻請人用英文發了一封求購信過去，對方的答覆也很爽快 —— 他們可以提供任何左撇子用品。

然而，小王還沒有來得及高興，卻被這些「左撇子」用品的高昂價格嚇住了：一把和普通剪刀品質相當的左手剪刀，價格卻是普通剪刀的十幾倍；一根看似普通的左手高爾夫球桿，批發價格高達十幾萬！這時小王才意識到，從國外進貨顯然不實際，只能在當地尋找左手用品的貨源。

此後經多方查詢，小王驚喜的發現了幾家生產左手用品的廠商。但他們的產品都是向歐美國家出口的，根本不做內銷，何況小王要的量又很小。起初得知小王想代理他們的產品，幾位老闆都表示「不感興趣」。不過，在對這些廠商進行多次拜訪之後，他們最終勉強答應讓小王從那些出口的左撇子產品中「截留」一小部分。拿到了一些專門為左撇子設計的滑鼠、剪刀、轉盤電話、高爾夫球桿等「特殊商品」後，小王就在距鬧區很近的一個繁華地段，租下了一間 8 坪的小店。小王的「左撇子專賣店」終於誕生了。

「左撇子專賣店」這個店名一打出來，立刻就在當地引起了轟動。每天進來購物或看稀奇的人群，簡直要把小店擠爆。雖然光顧專賣店的多數是左撇子，但也不乏一些「右撇子」顧客。一位做房地產的老闆在店裡買了一個「左撇子滑鼠」和一個「左手削筆刀」後，沒過幾天，又買走了一臺左手割草機。原來，他的妻子和女兒都是左撇子。

由於是「特殊商品」，左撇子用具的價格比同類產品要高出好多倍，一根高爾夫球桿至少能賣 30,000 元，一把小巧別緻的「左手剪刀」也要幾百甚至上千元，而左撇子醫用剪、美容剪的售價就更高了。但顧客不會太計較價錢，因為這畢竟為他們的生活和工作帶來了很大的便利。小店開業後的第三天，就有一家中外合資的服裝公司一次性從這裡購買了十四把左手剪刀。因為這家公司的幾十位裁剪師中，有七人都是左撇子，為每個人購置兩把左手剪刀，無疑會大大提高他們的工作效率。因這款名牌剪刀的售價高達 1,940 元，盈利也是很可觀的，僅這一宗「大生意」就讓小王賺了一萬多塊。

一天，店裡進來一位滿頭大汗的顧客，急急的問：「有沒有左撇子用的手電鑽？」小王驚愕不已，難道左撇子使用一般的手電鑽也不便嗎？這位做室內裝修的顧客訴苦說：「豈止是不便啊，還有點危險呢！」原來，左撇子使用

一般的手電鑽時，把手的設計、鑽頭旋轉的方向以及開關的位置都令他們感到無所適從。他說自己平常使用手電鑽、鋼鋸等工具時，都覺得很吃力，有時搞不好甚至會弄傷自己。這時小王才相信報紙上說的，左撇子工人在生產線上面臨的危險遠遠大於他們的右撇子同行。

此後，又不斷有顧客反映「左撇子專賣店」裡的商品不夠豐富，比如左手吉他、左手削皮刀、左手牛奶鍋等等，都是他們嚮往已久的產品。於是，小王就找到當地一些樂器、五金等生產廠商，請他們在生產右手產品的同時，也為左撇子製作一些同類產品。不料，這些廠商竟對左手用品一無所知。於是，小王就耐著性子為他們講解左手用品的情況，以及市場前景多麼誘人。市區的八間廠商終於被小王說動了心，他們先後開發了幾十種左手用品。小王的生意也漸漸興盛起來。

一年後，小王已從鮮為人知的「左手市場」掘金 100 多萬元，當初入股的朋友也都高高興興的拿到了分紅。這時考慮到店面過於狹小，根本「應付」不了潮水般湧來的顧客，小王就乾脆把原來的小店交給忠實的員工管理，自己又在商業街租下一間 24 坪的店面，成立了一家分店。事實上，在經營左撇子用品的同時，小王還幫助過許多人。當得知有些「左撇子」因為生活中的種種不便而產生了心理障礙後，小王就利用自己所掌握的知識對這些人進行心理輔導，鼓勵他們自信自強。有一次，小王聽說一位小朋友的左腦神經受損，導致右肢不聽使喚，因此產生了強烈的悲觀情緒。了解情況後，小王立即趕到醫院，對他進行心理輔導，並用合理的方法幫他訓練使用左手，還免費送他一些左手用品。一個多月後小男孩出了院，竟用左手寫了一封感謝信給小王。

為使更多人真正了解左撇子的世界，小王請幾位從事電腦工作的朋友在網路上建立了一個「左撇子俱樂部」網站。不光在網路上推介自己的左手商品，還開闢了本市電話訂貨和郵購服務，而且還介紹有關左撇子的各方面知識以及訓練左手、活化右腦的方法。令人喜出望外的是，當一些上班族從網站上了解到「左撇子」的諸多好處後，都紛紛開始訓練左手，有的人「工夫」練到了家，左、右手竟然一樣靈活。這樣一來，隨著「後天性」左撇子人數的不斷增多，小王的顧客群也越來越龐大了。

前不久，韓國和香港兩家生產「左撇子」用品的大公司，還慕名發來電子郵件，主動邀請小王在當地代理他們的產品。經過多年打拚，小王獵獲到千萬財富，並擁有了自己的車子。小王相信自己的「左手生意」還會越做越大。因為小王的目標是在當地以外的地區開更多分店，讓各地的左撇子們生活得更舒適。

山裡養大雁養出新天地

失業後，平祥開過公司、包過工程、跑過貿易，但命運似乎總跟他開玩笑，讓他吃盡苦頭。三年後，幾經挫折的他孤注一擲，養起了大雁，從此，生活、事業峰迴路轉。

那天上午，在一個偏遠的山頭，記者剛走進平祥的「領地」，就聽到一陣陣陌生的「嗷嗷」叫聲。

抬眼看去，原來是平祥和他飼養的一群大雁迎客來了。像受過訓練似的，四十多隻大雁兵分兩路，二十多隻前面帶路，二十多隻後面壓陣，將記者一行簇擁著走進了牠們的「家」——一個占地 4 畝多的水塘，這裡還有兩百多隻大雁正在水裡嬉戲。

平祥原是啤酒總廠員工，失業後，他開過公司、包過工程、跑過貿易，但命運似乎總在跟他開玩笑，要麼投資後合夥人出現變故;要麼賺錢後被騙，錢追不回來。後來，他養了四、五百隻家鵝，累積了一些養殖經驗。

三年後，他在某科技報上看到一則資訊：作為特種養殖，飼養大雁是一個新興的行業，除了大雁比較容易養殖之外，就是市場前景特別看好 —— 雁的肉質鮮美，肉雁整隻收購價在 750 ～ 900 元左右;特別是牠的肝，是奇貨，星級飯店才有賣，價高時一顆肝可賣到 40 美元。賣種雁，由於是新興的行業，在全國推廣養殖至少還有五六年的時間，如果搶先養殖，孵化賣種肯定大有市場，報上舉例說，貨源緊缺時一對雁可賣到 1 萬元左右。

這則消息讓做過貿易又有經濟頭腦的平祥激動不已。說做就做，當年年底，平祥掏光家中所有的積蓄，加上失業員工的小額貸款 10 萬元，買來了 240 多隻幼小的澳洲飛雁；又在一偏僻處租了 200 畝山地，搭蓋了幾處小木屋，僱用兩個工人，利用租地裡的六個水塘，當起當地的首個「雁官」。

悉心摸索漸成養雁專家

鵝與大雁的外形有相似之處，平祥原以為飼養方法也大致一樣。但不久後發生的事情給了他當頭一棒，還不到一個月，幼雁就死了七、八十隻。原來幼雁最怕毛溼，牠們常常因取暖聚在一起，如果地面不夠乾燥，幼雁的毛弄溼了，就會「感冒」而死。雁畢竟是外來之物，有水土不適的特徵，幼雁吃了田地裡一種不知名的青草，肚子脹氣得厲害，整個身體竟比平常大了三倍。平祥對此束手無策，又無力回天，只好眼睜睜看著這些值錢的小東西一隻隻的死去。兩次浩劫過後，平祥一清點，幼雁的總數去了三分之二 —— 只剩八十多隻了。

終於熬到大雁成熟。去年 11 月，大雁產下了第一批蛋。一個月以後，平祥的雁隊壯大起來，一下子增加了 250 多隻幼雁。兩個半月以後，到了收穫的季節，250 多隻成熟的大雁以每隻 750 元的價格被一家飯店買走。因此平祥掘得了第一桶金 —— 首次進帳近 20 萬元。

但禽流感沒有放過平祥。看家護院的幾條狗從外面叼回了患禽流感而死的鴨子，很快禍及大雁。「每天都有十幾隻雁死掉，時間持續了半個月之久，四百多隻大雁不見了。那時我心痛得睡不著覺，每天要做的事就是將死雁消毒後全部深埋。」平祥如今說起這事仍然心痛不已。

幾次挫折使平祥累積了一套實戰經驗，慢慢的變成了養雁專家，他說：「像其他家禽一樣，大雁的防疫防瘟是非常重要的，必須要做好。其次，什麼時候孵化也得掌握火候，否則，公多母少或母多公少，不利於繁殖和發展。例如，如果以賣肉雁為主，則公雁多為妙，因為公雁長得快，肝也較大，如果以賣種雁為主，則母雁多為妙。」一年半的時間，平祥成功孵化出八批幼雁，每批在 180 ～ 250 隻之間。「現在每對種雁的價格達 8,000 元左右，但來買種雁的人還是很多。」

不忍拔毛君子取財有道

下午 1 點多，大雁躺在塘岸上休息，水塘出現了少有的平靜。「鮃 —— 鮃 —— 」平祥特殊的叫喚聲一起，兩百多隻大雁紛紛探頭回應：「嗷、嗷、嗷……」頓時，雁叫聲聲，熱鬧非凡。平祥手裡的飼料往地上一撒，大雁知道吃午餐了！一隻隻站起來叫喊著朝平祥歡快的跑過來。後面幾隻顯得有些迫不及待，在離地面近三十公分左右的高度飛了起來，足足飛了十幾公尺遠。據說馴化了的大雁是不太會飛的，出現這種情況，足見牠們歡喜的程度。

雖然養雁的時間只有一年半，但平祥對大雁的情感卻非常深厚。從買大雁的那一天起，平祥就將住家搬到了這荒山野嶺。雖然山清水秀，空氣新鮮，但時間久了難免孤獨寂寞。「幾乎天天我都要親自餵牠們，大雁聽慣了我的叫喚，我也習慣了看到牠們飛奔而來的場面。」平祥隨手抱起身邊一隻大雁說。

由於天氣太熱，大雁從每年的 4 ～ 9 月是不下蛋的，換句話說，這半年的時間是白養的，不僅不賺錢，還要倒貼飼料費。目前平祥飼養的兩百多隻大雁，半年就要倒貼飼料費 5 萬多元。正因為如此，外地的一些大雁養殖戶為了不虧本，便用拔雁毛的方法來補貼。一隻雁每次拔毛可賺 50 元，四十天左右又可拔一次。但拔毛對於大雁來說是一件非常痛苦的事。得先將大雁餓三天，等肉貼到骨頭再拔毛，拔了毛後再餓三天。每拔一根毛，大雁就要慘叫一聲，拔完毛之後，大雁全身都是血淋淋的，慘不忍睹。「以前不知道，拔過一次雁毛之後，我再也不拔了，哪怕虧本也不做這種殘忍的事。」

和許多創業者一樣，資金的問題同樣困擾著平祥。「準備在三年的時間內建一個大雁屠宰廠，先培養雁種出來讓周圍的農戶飼養，養大後收購上來統一加工，再出口到歐美國家 —— 那裡有雁肝的消費大戶」。

兩臺電腦一部傳真開創百萬家業

畢業後，內心不甘寂寞的他，不甘於為別人工作，他想要開一家自己的公司。

因為自己剛剛畢業，沒有那麼多的啟動資金，所以，他決定從小公司做起，為了籌措到更多的資金，他得找合夥人。

經過多方諮詢，他了解到註冊商貿公司比較容易，所以，他決定註冊一家商貿公司，初步決定註冊資金 50 萬元。後來，他找到了學校的另外一位校友做他的合夥人。該校友也是一位頗具商業頭腦的人，上大學時，就已經擁有了一家屬於自己的禮品店了，該禮品店就開在該校校門口，年收入約 7.5 萬～ 10 萬元，而且該校友家底比較厚實，所以選擇這樣一位校友做合作夥伴，此舉可謂一箭雙鵰。

他找到該校友後，兩人一拍即合，說做就做。

他們先是註冊公司。一次次跑工商，跑稅務，終於將公司註冊了下來。然後，去租辦公廠地。辦公廠地選擇在了郊區的一個住家裡，是一個兩房的半地下室。月租 4,500（包括管理費和暖氣費，電費自付），季付。辦公設備就是兩臺舊電腦加上一部傳真電話，電腦是兩個校友上大學時用過的舊電腦，傳真電話是二手市場花 1,000 元買來的，也正是靠著這兩臺電腦和這僅有的一部傳真電話，他開始了艱難的百萬創業路。

合夥人自己還有別的公司，所以公司成立後，主要是由他來打理的。

他在公司成立之前，就曾經做過市場調查，感覺物流行業有著不錯的前景，所以，他決定從物流做起。所以，公司一成立，他就一刻不停地忙了起來。先是招募了兩名員工，然後，印了大量的名片和宣傳單。他和他的員工們一起奔跑於辦公大樓之間，穿梭於馬路之上，向人們散發著一張張印著他公司電話的名片和宣傳單。當我和同學們問他：那時候，你覺得累嗎？他笑笑：那時候完全不知道什麼叫累，整個人被創業的衝動激勵著，內心裡總是告訴自己，不要停下來，要一直往前跑。

一個多月過去了，他的那份執著和韌性，為他和他的公司贏來了客戶。他的公司開始陸陸續續接到了一些送快遞的工作。他非常注重細節，看到市區的交通相當堵塞，在徵得員工同意的情況下，為他們配了腳踏車，這樣便

大大提高了他們的送件速度。

半年的時間很快就過去了。由於他們的服務態度好，送件又很及時，所以他們接的快遞數量越來越多。

但是，僅僅是送這樣一些快遞，獲利似乎都很困難，更不用說累積擴大創業的資金了。所以，他決定開拓新業務。他選擇了一些有特色小玩具作為下一步經營的對象。他先是在半年多來累積起來的客戶中宣傳自己的新產品，同時，又採用了以前的老辦法 —— 發名片和宣傳單。先是老客戶中，有一部分人從他那裡訂了一些玩具，慢慢的，也有一些新客戶發來訂單。

他感覺這種行銷方法可行，於是他又加速引進了其他的商品。其中包括風景區套票等。

在引進新產品的同時，他也不忘繼續維護和擴大他的物流網路。他先後從比較知名的公司拉回來許多快遞的訂單，透過這種方式，他擴大了公司的知名度和銷售網路的規模。而這些知名公司也因為他公司的守信守時，交給他做的訂單也越來越多。

這樣，在年底時，他的公司已經初步進入軌道，出現了初步的獲利。

後來，他的合夥人因為與他的行銷理念產生衝突，所以決定從商貿公司退出。於是，商貿公司成了完全屬於他自己的公司。

他大膽的做起了電子商務

創業的步伐並沒有因為合夥人的退出而減緩一步。他一雙銳利的眼睛總是在不停的洞察著市場的變化，他那個嗅覺靈敏的鼻子也總在不斷嗅著商機存在的氣息 —— 他從網際網路中嗅出了無限商機。

於是，他大膽的做起了電子商務。

他一方面在一家當時相當知名的網路商城網站註冊了網路商店，另一方面，他請專業人士為自己的公司架設了網站。

做完這些後，他為了提高自己網路商店和網站的瀏覽，又分別在一些入口網站首頁做了廣告連結。也正是這一招，使得他的網路商店和網站點閱率驟增。於是，網路上的訂單也源源不絕。

但是，由於他在網路上出售的商品仍然是小禮品、門票之類的東西，所以利潤不高。所以，他又開始尋找新產品。

為此，他花了大量的時間看其他網路商城的商家都在出售什麼商品。在對網路商品市場做了仔細的分析後，他發現，汽車飾品是一個市場空白點。所以，他決定引進汽車飾品。

在引進汽車飾品之前，他請人專門幫他做了市場調查，歷時兩週，當地大大小小的汽車零件市場都跑遍了，汽車飾品的性能、價格等都被他摸得一清二楚。

他將目標客戶定位在了高層，所以他選擇了汽車飾品中算是比較奢侈且有品味的汽車香水和車載冰箱。

接著，他又對目標客戶的消費能力進行了調查分析，做完分析後，他對產品進行定價。在定價時，他選擇了高價位。幾百塊錢進的汽車香水，他定價幾千塊，幾千塊錢進的車載冰箱，他定價好幾萬。

讓他意想不到的是，他的新產品賣得非常的好。很多外地的訂單也如雪片般飛了過來。網路為他了帶來了財富。這一年他賺翻了，他種下的創業之樹在網路這塊新土壤中扎了根，而且結出了沉甸甸的金元寶。

有了更多的資金後，他引進新產品，他不再局限於單一的兩種汽車飾品，他還引進了種類繁多的汽車配件。先前培育起來的網路銷售通路，使得

他引進的新產品一樣賣得不錯。

隨著資產的不斷增加，他的公司也由原來的地下室搬進了寬敞明亮的辦公室。他的事業也在他的努力下，蒸蒸日上。

兩年後，他的網路銷售通路已經做得很完善了，這時，他又敏銳的感覺到，許多網路培養起來的消費族群產生了去實體店鋪看樣品的需求，而且，傳統的消費者（區別於網路消費者的實際店鋪消費者）也是一個很大的利潤族群，於是，他決定將他的店鋪從線上開到線下來，一方面是為了滿足線上消費者不斷變化的消費需求，另一方面也是為了不放走傳統的消費者這塊利潤族群。

有了比較雄厚的資金和成熟的貨源管道，再加上他準確的選址，實體的店鋪開起來就水到渠成了。

第一家店走入正軌後，他的創業熱情再度高漲，很快又開了第二家汽配店。他的店鋪所在地緊鄰幾大汽車銷售公司，而且此街聚集了其他一些汽車產品的專賣店。準確的選址，為他的店鋪又一次帶來了豐厚的回報。

在這裡還要特別提一句，他一手打造起來的物流通路、線上銷售通路，並沒有因為他的傳統店鋪的開張而放棄了，相反的，正是因為他多了這兩個銷售通路，他要比別的傳統店鋪的店主更具有優勢。原先的物流通路現在成了他的汽配店的物流通道，別人的店鋪不能提供上門送貨，他卻可以；別人上門送貨慢，他就非要比別人快一步；別人只守著自己的傳統店鋪，而他卻擁有線上線下數家店鋪，而且線上線下店鋪相輔相成，將線上線下的消費者統統都網到了他一手打造起來行銷 Network 中。他說，如果下一步發展得好的話，他會繼續開第三家店、第四家。

如今，他已經擁有固定資產近千萬，以及屬於自己的房子和車子。他說，當初他買房買車只是為了讓他的妻子和剛出生的孩子過得更好一點。在許多普通人眼中，他無疑已經是很成功了，可是，他並不滿足於這些。他總是機警的關注著市場的變化，堅定的在他的創業之路上向前邁進。他總是說：我不能停下來，我更不能放慢前行的步伐，一旦我停下來，馬上就會有人超過我去；我不能放慢腳步，一旦我放慢腳步，立刻就有人追上我。

「永不停歇，永遠比別人快一步」，讓大學畢業後即開始創業的他最終獲得了成功。希望他在以後的創業道路上，越走越好。

鄉下野花城裡賣出好價錢

意外失去工作，女導遊賣起野花

21 歲的張毓當了導遊小姐，日子過得時尚、充裕。

那年夏天，張毓帶團，她在路邊的小店吃了一些當地水果，然而沒想到引起了食物中毒，一連好幾個小時昏迷不醒。後來經過搶救，她總算脫離了危險，可是食物中毒損害了她的腦神經，再後來，她出現了視力模糊、說話困難、呼吸困難等症狀。張毓對導遊工作越來越感到力不從心，三個月後，她無奈的辭去了工作。

張毓想換一份相對輕鬆、利於身體恢復的工作，但各家公司一得知她的身體狀況後都拒絕了。幾經波折，她才在一家書店找到了店員的工作。

一次，張毓趁著週末回到鄉下老家。這裡重巒疊嶂，風光秀美。張毓在山林裡呼吸著清新的空氣，心情一下子舒暢了很多。她在山上採摘了很多野花，準備帶回都市，放到房間裡。

回市區之後，張毓的朋友們都很喜歡這些野花，她們圍著張毓讓她講解這些野花名字、種類和生長情況，張毓很開心的向她們講了半天，還給她們

每人送了幾枝。

張毓有個在花店上班的朋友李霞，拿了一束花，決定到花店裡試著賣一下。

第二天一下班，李霞就興沖沖的跑來找她，說那束野花下午被一個女孩以 150 元的價格買走了，她還說以後要經常來買。拿著李霞遞來的 150 元，張毓動心了：難道野花真的有這麼好的消費市場嗎？於是她約了李霞週末一起去再採些野花回來賣。果然，幾百枝野花一個星期內全部賣完，老闆還讓她繼續去採集野花，有多少他收購多少。除去給花店老闆的折扣，她一下賺了 3,500 多元，這些錢相當於她在書店上班一週的薪水。有了這筆「意外之財」，張毓開始意識到一個難得的機會來了。

野花行情好，聰明女孩迅速捕捉商機

看到市場反應不錯，張毓想走賣野花這條創業之路。但是，採集野花並不是那麼容易的事情，一方面，野花遍布在山野之間，採集起來有一定的難度和危險性；另一方面，各種野花的花期也不一致。

她想，要把野花的生意長期做下去，只能去專門種植野花，然後再定期賣給花店。

主意一定，她果斷辭職，帶著積存的幾萬元回家了。聽說她要回家種野花，朋友、父母都勸她打消這個念頭，在他們看來，很少有人能靠野花做出一番事業的。

張毓是個有主見的女孩，她相信自己的想法沒錯，父母也只得「繳械投降」。於是，張毓很快把父親的苗圃進行了擴大和改造，把原來只有一、兩畝地的苗圃擴大成了五、六畝地，並拉起了一道籬笆牆。她從山上移植來了不少木本野生植物，同時也採集了一些野花的花種，準備播種。附近的村民們知道她的想法後，紛紛笑她異想天開。

張毓不理睬別人的嘲諷，繼續忙碌著。雖然她發動了父母一起採集野花種子，但是人手還是不夠。她就在村裡打出了收購野花花種和野花幼苗的廣告，山民們祖祖輩輩生活在草木繁茂的山裡，聽說這些不起眼的野花野草也能賣錢，都不再嘲笑她了，很快幫忙張毓採集了很多花種，挖來了很多野生花草。

張毓把花種按不同的種類種在地裡，把一些適合觀賞的紅毛杜鵑、野薔薇等木本植株移植到了盆裡。由於野生花草的生命力很旺盛，移植後基本上都成功了，但是她還是一點都不敢大意，除草、施肥、澆水，她都一絲不苟做得很認真。幾個月後，種植園裡開滿了野菊花、小紫羅蘭、蒲公英、白頭翁、開口箭等野花。

張毓摘下一些花準備賣，考慮到有些店主不願意接收野花，她訂製了一些塑膠包裝紙，把野花按照不同的花色搭配包裝好，來到市區推銷。她印製了幾盒名片，先把花放到十幾家花店裡讓別人隨便賣，如果能賣掉再打電話找她進貨，很多店主都是帶著疑惑的目光接收了她的花。果然不出她所料，花剛放出去不久，她就接到了電話，這些野花很快就被熱衷時尚、追求情調的年輕男女買走了。她乘勝追擊，和這些花店簽訂合約，每個禮拜為他們提供一批鮮野花。

有了固定的銷路，張毓的幹勁更大了，為了保證冬天也有鮮花出售，她建起了保溫棚；為了確保實驗能成功，她專門跑到農林科技大學請教有關專家，虛心學習野生植物種植和冬季保溫的技術。

年底，辛苦了大半年的張毓算了筆帳，除去各種開銷，她發現半年忙碌

下來並沒有賺到多少錢。鬱悶之餘，她開始分析原因，原來自己把野花作為一次性消費品出售，這個辦法是不太合理的，一方面，野花的生長週期長、花期短，一次剪下來後只能重新再種，此期間她就無花可賣，自然生意也就受到影響；另一方面，野花比普通花草照顧起來要費神得多，但價格卻差不多。分析完這一切後，她決定在來年分批次種植野花，讓每個月都有野花開放。但是，怎麼樣提高野花的「價值感」，把野花賣得更貴一些呢？

野花致富，她要把野花進行到底

經過一番深思熟慮，張毓決定轉換經營方向，把野花從「一次性消費品」變成藝術品和紀念品。

她首先想到的是把像薰衣草之類花冠細小、不易褪色的花製成乾燥花，擺放在室內作為裝飾品。經過反覆篩選和對比，她挑出了一批適合製作乾燥花的野花。第一批乾燥花在隔年年初上市了，這些乾燥花一上市就顯示出很旺盛的銷售態勢。

初戰告捷，張毓又開始了新的探索。她想到，市區有不少孩子沒有機會到山裡來，他們在課堂學的一些野生植物根本無法見到，要是能製作一些野花野草的標本，註明其名稱、學名和英文名稱，應該會受到孩子們的喜歡。另外，要是替風乾後的標本加個相框，也可以作為裝飾品掛在室內的牆上，市區很多人都嚮往田園風光，這些散發著泥土氣息的野花野草就可以帶給他們視覺的享受！

張毓為自己的這個想法感到很興奮，她做好了標本，訂製了一些大小不等的相框，把這些標本夾入相框後，她帶著幾十個標本到了市區。有幾家小學對她的標本很感興趣，有一所學校一下就以 250 ～ 1,000 元不等的價格訂製了上百個標本。這些標本在禮品店同樣一炮打響，來買標本的大人、小孩都有，把禮品店的老闆樂得合不攏嘴。為了加快生產標本的步伐，張毓回家召集了十幾個村民説明她一起製作標本，依然是供不應求。

同時，她移植的一些適合觀賞的植物也可以出手了。她請父親替每一盆觀賞植物估好價格，聯絡到某花木交易市場的一位朋友請他幫助代售，一個月下來，賣出了一百盆，收入 25,000 多元。

為了減少銷售的中間環節以便增加利潤，她把家裡的種植園交給父親料理，在市區開了一家花店。她的花店很特別，不僅賣野生鮮花，還有乾燥花、盆栽和盆景，野花店生意很快熱鬧了起來。她買來了很多關於插花的圖書，仔細研究插花的花色搭配、花葉搭配。她把很多人們視為野草的蒲公英、狗尾巴草都作為配花加進了花束中，用野花獨創出了許多精緻又美觀的插花作品。她為這些作品取了好聽的名字：百鳥朝鳳、俏佳人、星星點燈等等。這些插花作品令人們大開眼界。張毓還辦了個插花藝術培訓班，免費教來店裡看花的女士們插花常識，試圖營造一種良好的消費文化，讓人們接受野花這種新鮮事物。她的努力沒有白費，參加過學習的女士們大多成了她忠實的消費者，她們還把這個有特色的小店介紹給身邊的熟人和朋友，於是，更多的顧客湧向了她的花店。

後來，張毓的花店步入了快速發展階段。她的乾燥花製品已經形成了十幾個系列，標本相框也豐富到了一百多個品項。這一年，由於不斷有人加盟連鎖，她一連開了五家連鎖店，由她統一提供貨源，這些花店開業後的經營狀況都相當好，收入也開始接二連三的成倍增加了。

接著，她成立了自己的花木工藝製品公司，透過參加農產品活動和商貿會，又有幾十家外地客商代理了她的乾燥花製品和標本相框。

現在，張毓的種植園已經擴大到了 50 畝地，種植了山梅花、紅柄白鵑梅、銀露梅、黃花森林、四照花、報春花等幾百個品種的野生花草。隨著「自駕遊」的流行，越來越多的都市人週末開車到山上遊玩。張毓敏銳的捕捉到了這個商機，她把自己的種植園改為免費參觀的植物觀光園，並不失時機的提出了「種花 DIY」的概念，讓都市人在自己的種植園裡參觀種花的步驟、過程，向他們提供花種、苗株和泥土，讓他們自己動手種花養花，並傳授養花的知識。這一招吸引了很多都市人去她的植物觀光園參觀，自然，他們走的時候都不會忘記買上幾盆花回家去養，由此她又多了一個創收項目。

如今，張毓靠賣野花買了房子和車子。她認為自己的成功很簡單，僅僅是把自己的想法一步步的變成現實，而不是像很多人，雖然有美好的理想卻沒有行動，直到把自己的想法帶進墳墓。

「出租」爺爺奶奶，年賺 250 萬元

看了這個標題別嚇著，也別以為瞎說。在某城市，的確有人在做「出租」爺爺奶奶的合法生意，而且還成立了一家專門的公司 ——「二伴一」家政公司。開這個公司的老闆叫靜靜，是一個 24 歲的年輕女性，她的的確確一年就賺到了 250 萬。

要說她怎麼會想到做這一行，那都得誇人家 —— 聰明，有愛心！

父母「出走」，去鄰居家當上了爺爺奶奶

24 歲的靜靜出生在一個教師之家。16 歲那年，靜靜考上一所工業學校。畢業後的靜靜應徵進了當地的一家儀錶廠，做了名檢驗員。不久，靜靜的父母退休，也直接從家鄉來到當地，一家人又團聚在一起了。

靜靜所在的檢驗科都是女性，而且大部分都已成家有了孩子。工作之

餘，幾個女同事湊在一起，談得最多的就是家庭瑣事，什麼今天誰家裡的父母生病了，誰的小孩又不吃飯了，誰家裡又丟了東西等等。尤其在談到各自家的保姆的時候，這些同事們更是說個沒完，不是感嘆保姆難找，就是遺憾自己的父母沒有能力或時間照顧小孩。聽多了，靜靜就半開玩笑的替她們總結出了「完美」保姆的形象：有教養，有愛心和耐心，有良好的生活習慣，熟悉城市生活，會做一手好菜。那些同事聽了，點頭如搗蒜：「是啊，是啊，有這樣的保姆最好了！」靜靜聽了覺得很好笑 —— 這哪裡是找保姆，分明跟男人找老婆差不多啊！

靜靜從沒想過，這些事有一天會跟她扯上關係。那天晚上，靜靜和母親正在看電視，住在隔壁的同事陶姐突然愁容滿面的把她叫了出去。原來，她家請的小保姆應徵到一家購物中心當銷售員，並說走就走了。由於來不及再請保姆，她 2 歲的女兒朵朵第二天就沒人照顧了，她和丈夫都要上班，孩子可怎麼辦啊！靜靜看著她欲言又止的樣子，忙問她有什麼想法。陶姐囁嚅了半天後說，她想請靜靜的父母幫她照顧一下小孩。靜靜一聽，為難了！她想，自己又不是養不活父母，怎麼能讓父母這麼大歲數了還去別人家做保姆呢？再說，說出去自己多沒面子啊！陶姐見她很為難，就婉言勸她說：「伯父伯母在家閒著也是閒著，等我找到新的保姆，就不勞煩他們了。妳還是跟他們商量一下，就當幫幫我吧！」

話說到這個份上，靜靜只好回去和父母商量。沒想到，父母竟然都很樂意。陳媽媽說：「人老了，就特別願意和孩子待在一起，比天天在家裡看電視、打麻將有意思多了！」陳爸爸也說：「女兒啊，妳每天去上班了，不知道我和妳媽媽有多寂寞，找些事情做，還充實一點！」靜靜見父母很樂意去帶朵朵，就答應了陶大姐的請求，但她要求陶大姐不能把她父母當成保姆。陶

姐忙說:「我們家朵朵沒有爺爺奶奶帶，就當我幫她『租』了個爺爺奶奶吧！」

第二天一大早，老倆口就去了隔壁陶家，2 歲的朵朵甜甜的叫著爺爺奶奶，把兩位老人樂得心花怒放，他們當時就一把將朵朵拉到懷裡，再也放不下了。靜靜見父母這麼高興，就笑話父母「出走」，當別人的爺爺奶奶去了。陶姐看到這一幕，就放心的走了。

下午，陶姐和靜靜下班回來，看見朵朵和爺爺奶奶正玩得高興呢！朵朵一見媽媽就奶聲奶氣的用英語說：「How are you, Mummy?」（媽媽，妳好嗎？）原來爺爺教朵朵英語了。朵朵還告訴媽媽，今天吃了奶奶做的「螞蟻上樹」，真好吃。看見女兒被照顧得這麼好，陶姐連聲道謝。

照顧朵朵時間久了，兩家的感情也越來越親密。靜靜的父母就像多了一個兒子和媳婦，他們在陶姐家待的時間甚至比在自己家還長。到後來，陶姐一家不願意再找保姆了，他們便懇請陳父陳母能正式接下照顧朵朵的工作，並由他們付給薪資。靜靜看見朵朵為父母增添了不少樂趣，而且父母也樂意照顧朵朵，便答應了陶姐的請求。

於是，靜靜的父母正式以一個月 50,000 元的價格，被「租」到陶家做起了爺爺奶奶。

自從父母帶了朵朵以後，靜靜明顯感覺父母年輕了許多。以前從來不注意衣著的母親現在總是找顏色鮮豔的衣服穿，說是孩子喜歡鮮豔的顏色。父親呢？就更不用說了，有事沒事，嘴裡總哼著歌。

而陶姐家的變化就更大了。朵朵在一個月內學到的東西比過去多了幾倍；陶姐工作更加安心了，連他們檢驗科的主任也很奇怪的對陶姐說：「怎麼這麼長時間沒見妳請假了？」陶姐不好意思的說：「主任，以前孩子小，經常請假。現在，我幫孩子『租』了一對爺爺奶奶，再也不會分心了。」

什麼？「租」了一對爺爺奶奶？這事情新鮮！等主任一走，辦公室的女同事們趕忙圍上來打聽，並七嘴八舌的議論開了：有的說新鮮；有的說租爺爺奶奶，感情投資多，肯定能跟家庭處理好關係；有的還向陶姐打聽在什麼地方可以為孩子「租」到爺爺奶奶，把陶姐問得不亦樂乎。

開一家公司，「出租」爺爺奶奶大受歡迎

同事們自從知道陶姐家「租」了爺爺奶奶後，靜靜的耳朵就沒有一天清淨過，她們天天纏著靜靜幫她們「租」爺爺奶奶。

被纏得沒有辦法，靜靜只好去找和自己很要好的一個同學李枚。李枚是本地人，父母是工廠工人，退休金不高。靜靜試著一問，他們果真很樂意出去工作。而且李媽媽也曾去別人家帶過小孩，但那時她一出去，李伯伯的生活就沒人照料了。現在老倆口一起出去工作，不僅少了很多後顧之憂，還可以互相照顧，當然十二分的願意！

靜靜找好爺爺奶奶後，立即在辦公室裡引發了一場爭聘狂潮，大家都爭著要李枚的父母到自己家來。她不得不以競價的方式來決定，最終，李枚的父母被靜靜的一個同事以 80,000 元的高薪聘請去了。

接下來，不到一個月，她又替公司的同事物色了兩對老人。

此事過後，靜靜想了很多：為什麼大家對老人的需求這麼大呢？在老人和家政之間是不是有個契合點呢？

想了很久，她終於明白了：市區的退休老人對城市家庭裡的生活環境非常適應，而且他們的知識結構也很適合現代家庭的家教需求，這是傳統意義上的保姆所不能比的，這也正是他們受歡迎的原因。而且，兩個老人同時服務於一個家庭，對老人來說，更加輕鬆；對雇主來說，也更加放心。靜靜覺

得，如果真的從事這一行，說不定會有很大收穫。

為了穩妥起見，靜靜特意請假，在市中心地帶的八個社區做了一番調查，主要了解老人們的活動情況和願望。調查結果顯示：現在老人的主要業餘消遣就是打麻將和養寵物；很多老人覺得沒意思，但又不知道做什麼好；這其中還有大部分退休金不怎麼高的老人願意外出工作賺錢。

透過這次調查，靜靜還獲得了願意嘗試這一行的三十多名爺爺奶奶的資料，算是意外之喜吧。

隨後，靜靜又聘請了幾位大學生在一些高級的辦公大樓和住宅區進行隨機訪問，結果同樣喜人 —— 白領階層對這項服務都很贊同。他們覺得請一對老人夫婦來照顧孩子，對孩子的人格和與人相處能力的培養很有利，比單獨請一個阿姨好，而且更有人情味。

調查的結果令靜靜信心大增，於是，她決定辭職開一家「出租爺爺奶奶公司」。

經過將近兩個月的籌備，靜靜的「二伴一」家政服務公司開業了。「二伴一」，意思是兩個老人伴一個孩子或一個家庭。公司員工全部是 50 歲以上的爺爺奶奶，生活在本地區，讀過書；雇主則必須同時僱請老人夫婦二人。為了公司的正常運作，她還招募了兩名學生做幫手。

公司尚未開業，它的運作模式就引起了當地媒體的注意。當地的一些報紙對此做了相關報導，引起了市民的廣泛關注。正如靜靜所設想的那樣，開業之時，她的「二伴一」公司就一炮而紅，名氣在市區迅速傳遍。

當天，公司的諮詢電話就沒斷過，上門拜訪的人也絡繹不絕，三十多對爺爺奶奶當天就被一搶而空。靜靜的收入來自仲介費，每簽一份約，她就從中提取仲介費 1,000 元。這樣，第一天她就賺了 3 萬元。

此後，「二伴一」家政公司的生意一天比一天好。一個月下來，靜靜的收入就達到了十幾萬元，而且還有七百多個家庭在等待求租。這就是說，擺在靜靜面前最大的問題，就是要迅速找到大量的爺爺奶奶。可是，就在她多方尋求人源之時，麻煩卻來了。

開業的第三個月，一個中年男子突然氣勢洶洶的找到靜靜，要讓他的父母回去。靜靜耐心解釋，對方卻什麼也不聽，連聲質問她為什麼要把他的父母騙去當保姆，還大罵靜靜缺德，為了自己賺錢大玩花樣，介紹這麼大年紀的人去年輕人家裡當下人。

靜靜見沒辦法說服這個中年男人，只好彬彬有禮的說：「這位先生，我只需要你做一件事情 —— 跟我去一趟你父母所在的這個家庭，看看他們是否在那裡當下人？如果你不滿意他們的現狀，到時你再和我算帳也不遲，好嗎？」中年男子這才氣鼓鼓的跟著靜靜來到了自己父母現在的「家」。

剛進門，他就呆住了：只見父母住在寬敞的大房子裡，身上穿著嶄新的衣服，一個長得虎頭虎腦的男孩正依偎在母親的懷裡，聽父親講故事 —— 這一派其樂融融的景象，哪裡有半點受氣的樣子？父母知道兒子的來意後，連忙責怪兒子不該去公司胡鬧，做母親的還說：「我們明明是當上人來了，哪裡是當下人！」他們還領著兒子參觀了自己的房間，那是一間晒得到太陽的大房間，房中擺著一張按摩椅，是這家的主人買回來專門送給其父母的。這家的男女主人都是大企業的部門經理，家裡換了十幾個保姆，都不稱心。自從「爺爺奶奶」來了之後，夫妻二人十分滿意，就把整個家交給了他們，還承諾要養爺爺奶奶的老，孩子也嚷著要老人夫婦永遠當自己的爺爺奶奶。中年男子由此轉怒為喜，他回去後一宣傳，鄰居們都羨慕得不得了，紛紛跑到「二伴一」公司登記，要求被「出租」去當爺爺奶奶。

如果遇到有的不厚道的家庭，靜靜也有一套辦法對付。她要求每個前來登記求「租」爺爺奶奶的家庭都必須提供一套詳細的資料，這裡面包括：家裡是否曾經僱用過保姆？僱用過幾個？為什麼解僱等。

公司的工作人員還會根據客戶所提供的資料進行一定範圍的調查。如果是很挑剔、待人缺乏愛心的家庭，公司就會拒絕「出租」爺爺奶奶給這個家庭。

財源滾滾，她的連鎖店要開遍各地

在服務對象的選擇上，靜靜也有自己的要求，並且隨著業務的擴大不斷的改變著。

剛開始，靜靜鎖定的爺爺奶奶大多是退休金不太高、只具有一定教育程度的都市老人夫婦，根本不敢去爭取一些高層次的老人。直到那年，公司迎來了一對特殊的夫婦，這種局面才被改變。這對老人中男方姓唐，退休前是當地一所大學的教授；女方也是有高級職稱的知識分子；他們唯一的女兒遠嫁美國了。以前工作繁忙，夫婦二人不覺得孤單，可自從退休後，夫婦二人倍感孤獨，當他們透過報紙了解到靜靜的「二伴一」公司後，便來登記了。

這第一對高學歷的老人夫婦，在登記的當天，就被一個單身爸爸請到了家中。這個家庭有一個 10 歲的小女孩，孩子的媽媽因車禍於不久前去世；父親由於忙於生意，根本無暇照顧女兒，他對女兒唯一的照顧就是大把給錢。唐老師夫婦十分憐惜這對父女，他們決定用自己的愛去幫助他們面對生活的打擊和不如意。

他們到這個家庭服務後，經常為小女孩講一些小故事，鼓勵她從生活的陰影中走出來。暑假，老倆口還帶著小女孩去旅遊，讓她盡快忘卻憂傷。與此同時，他們還適當的幫小女孩的父親做參謀，幫助他解決一些生活和工作上的難題。在唐老師夫婦的幫助下，小女孩還開始用自己的零用錢資助一個沒有媽媽的農村小孩讀書，笑容又回到了她的臉上，女孩爸爸的一顆心也終於放下了。父親被女兒的愛心所感動，還撥出了一大筆錢，特別去幫助那些失去母親的孩子，並由唐老師夫婦負責資金的使用與管理。

此事經媒體報導後，「二伴一」公司便吸引了一大批高層次的爺爺奶奶。靜靜的人源又一次擴大了，她將自己手中的爺爺奶奶資料按照學歷和生活經驗分成若干等，不同的層次收費適當變化，以滿足不同層次的人的需求。

今年 7 月的一天，一對德國老人格林夫婦來到了「二伴一」公司。這對老人原來是德國「出租爺爺奶奶公司」的爺爺奶奶。他們到當地旅遊，碰巧得知這裡也有一家「出租爺爺奶奶公司」，感到十分親切，便決定在當地待上一年，當一當孩子的爺爺奶奶。老倆口主動要求到一個有殘障孩子的家庭去，他們說這樣的孩子更需要愛心。靜靜很快就為老倆口聯絡到了這樣的一個家庭。

這個 5 歲的孩子泱泱患有小兒麻痺症。原本的保姆總是嫌他難照料，做不了幾天就要離開。格林夫婦見到泱泱時，便一把抱住泱泱說：「親愛的寶貝，爺爺奶奶來了。」泱泱也非常喜歡這對有高鼻子的爺爺奶奶，他興奮的讓爺爺推著輪椅，領著他們熟悉家裡的環境。白天，格林先生教泱泱在電腦上製作動畫，格林夫人則教泱泱學德語，為他做德國的麵包和沙拉。泱泱告訴媽媽，他喜歡爺爺奶奶，他要他們永遠留在這裡。格林夫婦高興的答應了泱泱的要求。

格林夫婦的到來，才讓靜靜知道原來自己開創的事業竟然與國際接軌了。她感到無比興奮，並意識到，這個事業還可以更進一步。

目前，靜靜的「出租爺爺奶奶公司」已在當地開了三家分店，家家生意都十分興隆。據統計，她的總資產已經上千萬，一年的收入就有 250 多萬。眼下，她正在考慮將公司實行連鎖化管理，以待有朝一日，「出租爺爺奶奶公司」能夠走出當地，走向更多地方。

靜靜就這樣在競爭激烈的市場中闖出了一條陽光大道。表面看起來，她的成功非常偶然，但深究其中的原委，不難發現：替別人著想就是替自己聚財，這是真道理。如果靜靜當初礙於面子不讓父母幫助別人，那麼今天「出租爺爺奶奶公司」這道亮麗的風景就不知花落誰家了！

開一家「出租爺爺奶奶公司」所需本錢不多，一個店面，幾臺電話就行了，是創業者比較理想的選擇。做這一行，首要條件是「人源」的選擇：社會上清閒的老人很多，關鍵是要找到退休金不高、有一定教育程度、熟悉所在城市環境並且願意出來工作的老年夫婦；其次是地理位置的選擇：公司最好建在高薪上班族人士聚居的地方。最重要的是，做這一行要為老人的身心健康和安全負責，選擇雇主時一定要把好關，並制定相關制度，這一環做好了，老人的親人才放心，否則，就會有麻煩。

第九章　走向成功：抱著夢想啟程

成功在每個人的心中都有著不同的定義，但毋庸置疑的是，每一個人都渴望成功，追求成功。在普通人看來成功或許遙不可及，但實際上，成功的主動權就掌握在我們自己手中。普通的人總是臨淵羨魚，羨慕別人的成功，眼熱別人的幸福，但卻只是站在成功的山腳下觀望，從不深究和學習成功人士成功的經驗和祕訣。

賣點子賣出千萬富翁

今年 50 歲的阿然，頗有些傳奇色彩。早年他先是致力於詩歌創作，甚至負債出版了一本個人詩集。之後他辭掉工作，應徵到一家廣告公司，後又在一些著名的企劃管理顧問公司任職。幾年後，他與朋友共同創辦了「完美企劃顧問公司」，現任該公司首席高級顧問兼企劃總監。這裡特別要指出的是，阿然還有另一個更重要的身分 —— WBSA 商務行銷企劃師。

「金至尊」引發 WBSA 夢

阿然說，第一次聽到「WBSA」這個名詞，緣於一次香港之行。在那次旅行中，朋友特意帶他參觀了「金至尊」。這是地處民樂街 28 號地下的一座名震全球的黃金廁所。這座由上百名專業工程人員歷時兩年、耗費 380 公斤黃金、6,200 枚寶石及珍珠球製作，時值超過 5,000 萬港幣的黃金廁所，從門面、鏡框、吊燈、壁燈、天花板、洗手臺、抽水馬桶到牆上和地面的瓷磚等等，全都是由 24K 黃金構成。

儘管使用這個特殊廁所，需要在「金至尊」展覽廳及香港恆豐金業科技集團旗下商店消費 140 英鎊以上。但 2001 年大年初五黃金廁所一面世，海內外的遊客就蜂擁而至，觀眾竟然彎彎曲曲的排了幾條街的長隊！接著連歐洲的足球明星、美國好萊塢的著名演員，甚至東南亞和中東地區的總統以及政界要人，都慕名到這個擁有「全世界最豪華的洗手間」、「全世界最昂貴的廁所」兩項金氏世界紀錄的特殊環保公廁，參觀這樣的「夢幻享受」。其間他們無不發出會心的微笑，連連讚嘆「了不起！」，以致後來「不遊金廁所，不算到香港」成了中外遊客廣為流傳的口頭禪！

阿然說，也許很多人根本想不到，這座廁所至今不僅為香港帶來了上百億的旅遊收益，因金價不斷上漲，根據現在的黃金報價，「金至尊」自身也升值 40%以上。

「金至尊」便是 WBSA 總部為他們上的第一課，說這就是「金點子」的魅力。從此，成為這樣一名製造「金點子」的商務企劃師，成為阿然的一個夢。

原以為要想成為商務企劃師難如登天，至少要經過無數次筆試，可是後來阿然發現與諸多學術認證不同的是，商務企劃師認證竟可以不考試！因為他們更注重對申請人實際操作的案例考核。「WBSA」對各種認證申請人資格的認證順序是：案例優先申報，經驗申報次之，理論申報再次，培訓應試最後。也就是說，申請人最好提出其主持或參與過的企劃案例，其次才是「獨到的商務經驗」。這標準彷彿是為阿然「量身定做」的，因為培訓之前的這套程序，阿然早在豐富的工作經驗中完成，從而順利開始接受 WBSA 的嚴格培訓。培訓下來，阿然眼前的世界似乎都變得「黃燦燦」。阿然說，拿到證書那一天，他比競選上了美國總統還高興！從此，他走上了千萬富翁路。

步入黃金途

阿然以 WBSA 商務企劃師身分來企劃的第一個專案，是某市的一個房地產專案 —— OO 花園。一位熟悉他的業界專家說，在這個企劃上，阿然成功的擺脫了業界的隨從性，演繹了一種異域文化。

阿然「WBSA 商務企劃」的第一步，便是提出打造「法國文化主題社區」 —— 讓生活藝術化，用一種嶄新的社區文明來建構優雅的居住空間。為什麼要這樣定位呢？一來，OO 花園位於市區規劃的住宅區，形成了「一條街上四棟大樓」的局面，有限的目標族群市場面臨四家房地產商的傾力爭奪。另外一個原因是，房地產界一哄而起，言必稱「歐陸」，大樓企劃如出一

轍：高高聳立的羅馬柱，不著邊際的花式額枋等等，彷彿不稱「歐陸」不足以展示自己的專業和氣魄，大都陷入形式的仿效，而沒能詮釋文化的內涵，因此許多大樓被淹沒在歐陸風的洪流裡。

阿然沒有依樣畫葫蘆，而是竭力尋找與競爭大樓的差異，在進行市場區隔的同時進行消費者區隔，力求透過獨特的定位將大樓差異化。他在深入市場的調查研究中發覺，當地已湧現出一類新型上班族階層，他們既講究生活品味又追求個性張揚，尤其對充滿異域色彩的建築、影視、生活方式等情有獨鍾，而且這一「個體存在」逐步形成一個族群。據此，他將目標消費族群鎖定在這類「都市新貴」上。

基於當地居民對法國的浪漫與溫馨有一定認知（比如說法國香水、服裝和巴黎）。他的訴求策略是，溯源到歐陸文明的源頭法國，承襲了法式社區的優雅文化與浪漫氣質，轉而將法式建築追求品質的風格嫁接過來，契合了「新興一族」既想領略異域風情又可享受高品質生活的新需求。

在行銷策略上，他又把握了一些小細節，例如銷售中心的牆上懸掛法國名畫；書桌上放置一本《追憶似水年華》，會談桌上擺放玫瑰、鳶尾花（法國國花）等，從而營造出一種法國的生活情境，牽引住了人們的視線。OO 花園落成後，從建築設計到宣傳推廣，無不瀰散著濃濃的塞納情調，結果大受推崇，一下成了新興一族爭搶購買的首選大樓！

敢想敢做財富不是夢

一家名不見經傳的肥皂小店，卻在開業不過短短兩個月時間裡拓展了四家正式加盟店，還有十七家在緊密商談中，創「皂」的魅力可見一斑。究竟它創造了怎樣的一個創「皂」遊戲？

創「皂」財富

從一家手工 DIY 小店裡，傳出這樣一種說法：上古，女媧洗澡時，只為消除寂寞，所以甩了甩手，於是就有了人類；現在，凡人洗澡時，只因拒絕平庸，所以動了動手，於是便有了創「皂」。

從手工製陶到十字繡，手工 DIY 的領域不斷變換著最炫的風向標。那年夏天，市區又颳起了一股創「皂」風。帶起這陣風的，便是那家戲把創「皂」與女媧造人相提並論的肥皂小店。

創皂者，顧名思義，創造香皂也。陳莉、陳剛姐弟倆毅然甩掉外商企業的上班族不當，下海創業，賭的是自己找商機的眼光。把寶押在創「皂」上，很幸運，他們贏了。

搶商機，先嘗勝果

「從看到這個項目就決定離開外商自己開店，選試原料找店面直至正式開業，不到兩個月時間。很多朋友包括我在商業大廈負責招商的三姐，都說我們姐弟倆太盲目，可是我相信，商機在這分秒之間就會轉瞬即逝，商海裡頭沉浮，成敗的關鍵就在於你是否有慧眼及時抓住機會。」

據陳剛說，拿香皂 DIY 的創意並非自己首創，可是在自己第一次接觸時便「一見鍾情」。「很多朋友都知道我是個不安分的人，就不斷的介紹一些項目給我看，這手工玩香皂的項目也是其中之一，可是那第一眼就把我的興趣勾起來了。」說著，陳剛拿出一些自己的成果來 show —— 寶石藍的月亮，五彩帶閃粉的星星，散發出牛奶香味的 Hello Kitty 等等。在當時，陳剛便是被那種原創的氣質給迷住了。「不怕不能做，就怕你不敢想。只要有創意，用香皂自己動手總能實現。這種 DIY 的樂趣就是它最大的魅力。」陳剛與姐

姐一討論，當即決定就做這個項目。

要行動就得快。雖然當時市場上還沒有一家香皂 DIY 店，可是陳剛知道，現在的資訊流通太快了，自己能了解到的商機，別人也有可能了解到，越早下手越容易搶占先機。

膽大還要心細。有了香皂 DIY 的開店靈感，可是怎樣才能把風險減到最小，陳剛還是進行了詳細的可行性分析和不斷的嘗試。原材料的選擇是最難的一關。陳剛認為，如果只是從外形上 DIY，其實蠟燭的可塑性也很強，幾年前也曾風靡一時。而香皂與蠟燭的不同之處，卻在於香皂還有實用性，不僅可以觀賞，還可以使用，並且要比一般的香皂更好用。

在選材的過程中，陳剛終於體會到了實驗的「樂趣」——「我什麼東西都拿來試了，甚至包括透明皂，最終才決定用甘油。因為甘油的熔點是 50 多度，常溫下就不會融化，而且甘油是最好的保溼劑，我姐姐說了，適合這裡的氣候，女孩子肯定需要。」不僅是皂基，連香味劑和顏料都是可食用的。陳剛是學法律出身，「嚴謹」二字他從來都不會忘記。所有的原材料都被陳剛拿到相關品質檢驗部門做檢驗出證明，「安全是最基本的保證，這樣才能談實用性。」

頂著每個月 2 萬多塊錢的房租，陳剛姐弟倆把店選定在這裡，因為這裡和星尚創皂館一樣定位於年輕時尚一族。不過 2 坪大的店裡，一面牆被用來擺展示臺陳列成品，另一個角落裡，放著一個老冰箱和一個新的微波爐，這是加熱皂基和加速冷卻成型成品的必備工具。讓陳剛自己也沒有想到的是，開店初必經的低谷期在星尚創皂館幾乎沒有出現，從第一天開門做生意，陳剛就沒有賠過錢，最多的時候，一天的流水便有 15,000 多元，而賣到 150～200 元一個的 DIY 香皂成品，原材料其實只要幾十塊錢。

開拓想法，集思廣益

陳剛常對進門的顧客描述這樣一個場景：浪漫的燭光下，某男手捧一個紅心造型自己親手做出的香皂，上面嵌著一個鑽戒，單腿下跪，向自己親愛的女友求婚。事實上，這並非電視裡才有的情節，而是現實生活中確實出現過的情景。據陳剛說，受這個顧客浪漫創意的啟發，後來又有幾個實踐者，最近的一個，是把女友的照片鑲在心形皂的正中間，右下角鑲入鑽戒，在鑽戒的環中是這位男士自己的大頭貼，非常的有趣。

在小店開業不過兩個多月的時間裡，陳剛說自己的想法受到了顧客很多新鮮創意的啟發，新增了許多種不同種類的造型。例如，絲瓜潔絡皂，可以把古老純天然潔膚聖品絲瓜絡放入原料中，在洗淨皮膚表層的同時，又可以去角質與促進血液循環的功能，尤其適合中老年人使用；護膚系列是針對愛美的女性量身打造，可以自由添加蜂蜜、珍珠粉、薰衣草、玫瑰花等等，陳剛已經設想下一步小店要實現現場測定皮膚，根據不同人不同膚質當場調配原料爭取做到個性化；還有針對外國遊客的一些具有文化底蘊的手工皂；更有甚者，一家外地的銀行找到這裡，要求把自己公司的 Logo 鑲入皂中，做成一批禮品，別出心裁。

星尚創皂館的顧客大多是一、二十歲的年輕人，尤以學生居多。在店裡，最便宜的有只賣 5 塊錢的糖果皂，最貴的也不超過 200 元。陳剛介紹說，其實用來 DIY 的材料都不算貴，價格差異主要是表現在創意實現的難易程度上。比如，幾種顏色合成的就比單色的要貴。DIY 的過程也很簡單，陳剛備了許多基本的模型，比如水果類、卡通類、花草類等等。顧客來了，只要選擇自己喜歡的模型樣子和香味，就可以現場製作了，不過比買成品多花 25 塊錢，95%的顧客都是來享受自己動手 DIY 的樂趣的。如果日子久了，

對於以前做的成果不喜歡，還可以拿回店裡重新 DIY，而做一塊手工皂，從微波爐加熱融化皂基加色添味，倒入模型放入冰箱冷卻成型，整個過程一般不超過半小時。

好酒不怕巷子深。星尚創皂館開業不過兩個月，卻靠著口碑一傳十十傳百，許多外地的遊客都慕名前來，每天的客流量都在百人以上，小店裡常常連站的地方都不夠。到目前為止，星尚創皂館已經有了四家加盟店，此外還有十七家在洽談中。

有人說，陳剛姐弟倆能成功是靠運氣，可是光有運氣，沒有敏銳的眼光、果斷的選擇、心細的實踐與天馬行空的創意思維，能成功嗎？

選好創業項目，避免投資風險

目前，更多的人選擇自主創業這條路，面對眾多項目，如何選擇適合自己的，是大多數投資者最為關心的。

遵循「三做」原則

在選擇創業項目時最基本的原則是：做自己熟悉的，做自己喜歡的，做自己能做的。每個人都有自己的長處，比如有人對某個產品比較熟悉；有人在技術上有專長；有人善於公關和溝通等等。只要能充分發揮自己的優勢，選擇自己有興趣、熟悉的創業項目，那創業就成功了一半。

如果有人說自己沒有熟悉的行業，怎麼辦？可以在創業前先去充分熟悉某個行業，但千萬不能待項目上馬後再慢慢熟悉。一位女士曾經開熟食店賺了 40 萬元，一時自我感覺不錯，便心血來潮的決定轉換投資項目，花 90 萬元投資 KTV。由於對這個行業根本不熟悉，半年後便血本無歸，教訓十分慘痛。

「退出成本」概念

開業難，守業更難。據一所大學統計資料顯示，在 508 名接受開業培訓的學員中，有 272 名創辦了自己的小企業，開業成功率近 54%。但從國際的經驗看，新企業開業之後的生存機率將會持續衰減。據最新統計，已開發國家每年都有上百萬家新企業誕生，35%的新企業在當年就失敗了，活過五年的只有 30%，生存十年的僅為 10%。

因此，開業指導專家普遍認為，對於創業人員來說，要有「退出成本」的概念。簡單的說，「退出成本」就是投資者退出項目時，由投資本金所帶來的實際損益價格。如家用電器維修、裁剪、洗衣、理髮、家政服務、物品快遞配送、公用事業代辦、物業保潔維護、貨物存放搬運、家庭手工作坊等服務、諮詢專案因投資本金少，其「退出成本」就相對比較低，一旦創業失敗，也可規避一定的風險。

俗話說，「不以善小而不為」。對於退休失業人員來說要量力而行，可以從做小事、求小利做起，根據自己對「退出成本」的承受能力，拿為數不多的資金投到風險較小、規模較小的事業中去。

加盟也有風險

行業好不代表你就能賺錢，加盟連鎖企業依然存在著風險。例如，在狹小的街區裡如有多家相同性質的連鎖店，勢必造成顧客資源分散，各家商店的營業額都會大幅下滑。因此，選址在一定程度上決定了創業是否能成功。創業者還必須明白，有些所謂的加盟連鎖項目，實際上是利用連鎖的形式在變相的推銷產品設備，他們既不承擔風險，也沒有連鎖經營的統一管理。這樣的連鎖項目能夠加盟嗎？甚至少數還有欺詐中小投資者資金的事情發生。

因此，如果沒有十分的把握，絕不要輕易加盟那些沒有實力、沒有品牌名氣的不成熟的連鎖企業。

需求就是機會

事實上，只要存在尚未滿足的需求，就有市場機會。目前世界市場上的商品（含服務）有一百多萬種，而我們所知的僅十八萬種。這替退休失業人員留下了極大的開發特色服務商品的空間。如不少年輕媽媽抱怨「坐月子」難找保姆時，便有人開創了特色服務 —— 配送「月嫂」，專門將經過培訓、有證照的母嬰護理員介紹給孕產婦，深受年輕媽媽們的歡迎。可見，只要善於觀察，善於創新，選擇一個新項目的機會就在你身邊。「配送物品不是創新的特色服務，但配送人就是特色服務」。

創業從做「中間商」開始

小錢大學畢業那天，他與自己簽訂了「用人協議」。

小錢曾是一名貧困大學生，為賺學費當起了「中間商」。經過三年的經營和累積，他擁有了一間 250 萬元註冊資金的公司，不僅替父母償還了家裡所有的債務，還摘掉了「貧困生」的帽子，也成就了自主創業的理想。

開學一週，掘得第一桶金

那年，小錢考上了大學。

在報到處，抓著全家人東拼西湊來的 1 萬元現金，小錢在報名的長隊裡一次一次退到最後面。最後，他鼓起勇氣找到學院的輔導員，爭取到了緩繳學費的機會。

開學第三天的下午，小錢正獨自在寢室裡翻閱新教材，一位學長進來向他推銷隨身聽。正在這時，幾位室友回到了寢室。結果，這位學長沒費多少口舌，書包裡的四臺隨身聽以每臺 400 元的價錢留在了他們宿舍。

這件事情觸動了小錢，他隱約感覺到身旁有一個相當大的消費族群。當天晚上，小錢一直在謀劃著這件事，直到在夢裡成為一名「中間商」。

透過打聽，小錢很快知道了附近有兩處小商品批發城。週末，小錢走遍了兩個市場，仔細對比了很多隨身聽的性能、品質和價格，他用 75 元的批發價拿到那位學長推銷的那種隨身聽。小錢動用了僅有的存款，批發了六臺隨身聽，拿到學生宿舍做了第一筆生意，淨賺了 1,500 元。這是他第一次嘗到賺錢的快樂。

之後，小錢一發不可收拾。課餘時間，他特別注意觀察同學們在使用什麼樣的消費品，大家剛習慣用卡式公用電話時，他就找到了 IC 卡經銷商，把更低廉的電話卡介紹給同學，自己小賺一點辛苦費。後來，泳衣、考研究所的資料、英語錄音帶，都成了他賣過的物品。

從底層做起，為了創業準備

「當我在學校的第一屆創業企劃大賽中獲得前十三名時，我創業的信心增加了數倍，真想立刻成立自己的公司。」小錢說。

小錢看過許多大學生創業的事蹟，但他發現，其中的成功者很少。

為充實自己，小錢刻意看一些法律知識、心理學、市場動態、公關行銷等方面的書籍。小錢認為，當初，做推銷賣東西純屬個人行為，要創業最好還是先融入企業，先到有發展前景的企業中去體驗，這樣才能在創業中發揮自己的創造性。

因此，小錢不但做推銷，做企劃，還為公司做市場調查。在推銷中，他

提高了自身的業務能力；在做企劃時，想像力也得到了發揮；在生物科技公司擔任銷售總監時，管理能力也得到了訓練。「在進行業務談判時，言談舉止要大方得體；進行產品推廣時，不要總誇品質，還要向對方分析市場需求；管理企業時，要有團隊精神等等。」小錢總結了在企業工作中的經驗。

有一次，在夜市攤位上，他發現經營米線生意的竟然是幾位就讀中的研究生。小錢問及為什麼會出來賣米線時，幾位研究生告訴小錢：以後的社會競爭將非常激烈，我們必須做好相應的準備。聽了這些，小錢的心裡燃起了一股衝動，醞釀很久的想法開始在腦海中逐漸清晰起來。

小錢找來同學蕾蕾和光偉。當談到對校園市場的開發時，三個人一拍即合，決定成立一個校園資訊服務中心，中心定名「三人行」，開展介紹家教、校園活動企劃、產品展示、市場調查以及小網站建設等業務。

抓住商機，完成原始累積

在迎接新生的時候，小錢發現新生宿舍裡的電話接線上都沒有配電話，很多新生打電話都湧到電話亭和 IC 電話處。他立即召集「三人行」的成員商量替學生宿舍裡裝電話。由小錢和學校聯絡，獲得學校的允許和支持。蕾蕾和光偉負責購買電話，在很短的時間內替大一所有宿舍都裝上了電話，他們也小賺了一筆。

接下來的幾天，他們把業務擴展到了周圍的幾所大學。他們每人分一、兩所大學，結果，沒幾天的時間，周圍十幾所大學的新生宿舍全部裝上了電話，最多的一天達兩千部，收入最多的時候一天竟有 25 萬元左右。「三人行」裡的「中間商」們成了同學們羨慕的小富翁。

漸漸的，小錢開始不滿足於在校園裡的小打小鬧了，他堅信，到社會裡去闖一闖也一定能賺到錢。

一個偶然的機會，小錢斷定今後這裡會首先流行起唐裝，於是召集了大家商議：做唐裝。但大家都有一點擔心：和社會上的人做生意，會不會受騙？小錢認為只要眼力準，考慮周到，就一定能賺到錢。最後，大家被說服了。

小錢帶著大家走訪大大小小的服裝廠和服裝批發點，以便得到更準確的市場資訊。絲綢是唐裝的主要材料，考慮成熟後，小錢購進了一批絲綢，沒想到貨還在路上，訂單就已經被搶完了，這一筆他們穩賺了近 50 萬元。

接著，小錢的「三人行」相繼代理了行動校園卡、手機等推廣業務。學生消費的日益擴大化和時尚化的趨勢，加上大型企業營運商的投資，為小錢「三人行」創業團隊的迅速壯大注入了活力。光是上半年，小錢共計辦理大戶卡、校園卡等業務達十三萬張，直接收益接近 150 萬元。

創辦公司，欲實現更大理想

小錢每一本日記的扉頁上都有幾個顯赫的大字：「沒有鳥飛的天空我飛過」。

「那些當初看來是困境的日子，只是一些小坎，沒有邁過去時它很大很可怕，但一經邁過去，它便是一生歷久彌新的永恆財富。」他在日記裡這麼說。

小女生身無分文賺千萬

你一定聽說過服飾店老闆在打折季節到香港批發，收藏愛好者在舊貨市場挖寶，可是一個女孩楊琳的創富經歷卻讓人大開眼界 —— 專門在拍賣行「找房」，且在短暫時間裡就賺下了百萬資產。

意外發現「黃金眼」

楊琳，今年 26 歲。從建築系畢業後，因為找不到工作，就離開老家來到 A 市，在一家大型房產公司當售屋業務員。

隨著售屋經驗的累積，楊琳與客戶的溝通能力也日漸提高，半年後，楊琳每月銷售的房屋都在十間以上。由於業績好，楊琳在公司裡漸漸出了名。

有一次，公司銷售主管讓楊琳去找一位剛拆遷房子的「潛在顧客」，說這人因為拿到幾百萬拆遷補助，購房的可能性很大。然而，楊琳去拜訪時，這人卻說已經看了另外一家公司的房子。失望之餘楊琳問：「您那房子多少錢？」顧客說：「每坪 25 萬元。」以楊琳的經驗，從那間房子所處的地段、物業等因素看，並不值這麼多錢，於是楊琳靈機一動：「我可以代您去跟這家公司談價錢，給您節省錢。以 25 萬元為基礎，省下的錢，您分三分之一作為我的佣金，怎麼樣？」顧客當然樂意。最後楊琳以 22 萬元成交，替他節省了 300 多萬元。雖然最後只得到 100 萬元佣金，卻讓楊琳發現了一條新財路 —— 做「房產導購」。

此後，楊琳乾脆辭職，每天在各個大樓銷售中心打轉，認識了很多想買房的人。楊琳拿著委託書，代表這些顧客跟房產公司談判。本來自己就口齒伶俐，而且手裡掌握著十幾間房子的購買意願，談判的砝碼自然增加很多。最後把房子買到手，往往都比市面價格低 15%左右。

找到自己的贏利模式

一天，一位在法務部門工作的朋友告訴楊琳，有一批被法院強制執行的商鋪和住房要公開拍賣，價格絕對比市場上便宜，如果楊琳感興趣可以過去看看。

三天後，在朋友指點下，楊琳向工作人員出示身分證，繳了 15 萬元保證金，然後領了牌走進了拍賣會場。

拍賣開始後，原以為會出現電視裡演的那種頻頻舉牌競價的場面，結果卻大大出乎意料，除幾套商鋪出現一番角逐外，住宅的競拍基本沒什麼「精采」可言。甚至還出現了「冷場」局面。儘管拍賣師在臺上百般遊說，可臺下的買家絲毫不為所動。幾天前楊琳也到現場看過那間房，雖然位置偏僻些，但房子還是挺不錯的，況且起拍價僅 250 萬元。

楊琳往身邊兩側看了看，見沒人搭腔，不知哪裡來了一股勇氣，一下舉起了手中的牌子。「250 萬元！」拍賣師見有人回應，喜形於色的喊道：「18 號小姐舉牌了，還有沒有人加價？」他喊了一輪見還是無人競拍，一槌下去，隨著「咚」的一聲響，那間房子就歸楊琳了。旁邊有工作人員趕緊讓楊琳簽字畫押。也許在其他人眼裡，這種房子根本就是「破爛」，但楊琳認了，心想若賣不出去就一不做二不休，乾脆裝修一下做自己的新房！

回去見到男友，楊琳向他說了當天自己在拍賣行的「壯舉」。正忐忑不安時，他的一句話讓楊琳來了精神：「這裡沒房的夫妻遍地都是，到哪裡能買到這麼便宜的家呀？」不出他所料，僅兩天時間楊琳就聯絡到了買家。是一對年輕的上班族夫妻，因為經濟能力有限，好房子買不起，爛房子不想要，找了好久都沒有找到一間合適的房子，只好與人合租。楊琳手裡的這間房雖然有些偏僻，但離他們工作的工廠不遠，價錢又合適，正好符合他們的消費能力。當時楊琳出價 350 萬元，對方還價 300 萬元，不到半個小時，雙方就以 325 萬元成交，當天就辦了房產過戶手續。除去各種費用，三天時間楊琳賺了近 100 萬元。

初戰告捷，楊琳信心倍增。不久，楊琳又到拍賣行第二次參加了競拍。

這次是一批因開發商無力還貸而被銀行強行拍賣的毛坯房，因位置和環境都不錯，房價自然也很高。拍賣從最好的房型開始，經拍賣師短短一陣「鼓動」，場面馬上就熱烈了起來。不到一小時，十幾間房子就順利成交，買到房子的人無不笑顏逐開。但楊琳的心卻涼了，每坪近 30 萬元，一間房子就要 1,000 多萬元，楊琳根本無法與這些實力雄厚又有些「狂熱」的傢伙抗衡。

沒想到時間不長，拍賣會上出現了戲劇性的一幕。當拍到高層的幾間房子時，會場裡的「溫度」驟然下降，有時一間房子僅有三五人競拍。最慘的要數有間房子有些「三尖八角」，主臥室還有道橫梁，這恰恰是凡事講風水的當地人最忌諱的。以楊琳過去當售屋人員的經驗，這種房型是售屋時最難啃的骨頭，即使多給購房者打折也沒用。所以，當拍到這間房子時，就連拍賣師也沒多大信心，起拍價僅 150 萬元，可剛喊到 210 萬元就再沒人吭聲了，眼看那人就要成交，最後楊琳咬了咬牙，忍不住又加了 5 萬元，因為楊琳覺得這房實在太便宜了！謝天謝地，那人總算再沒舉牌和楊琳爭奪。

那時在拍賣行買房，銀行還不提供抵押，通常要求在支付兩成頭期款後的十天內付清另外八成餘額。這次購房不僅用完了楊琳的全部存款，還向男友借了 20 萬元。楊琳原以為這裡環境幽雅，社區的物業管理也相當好，況且房價非常便宜，出手應該不成問題。誰知楊琳先後聯絡了十幾個有購屋意願的顧客，看屋後都連連搖頭：「太難看，還有那麼一道橫梁，太不吉利！」「倒」房最怕沒有周轉資金，就像打仗時士兵忽然沒了子彈。轉眼一週過去了，半個月過去了，房子還是無法脫手，楊琳急得白天吃不下飯，晚上睡不著覺，嘴上起滿了水泡。難道這次自己真的完了？

楊琳思考，這間三房兩廳 30 幾坪的房子，在窮人眼裡屬「高級房」，買不起。而一下能拿出幾百萬現金買房的富人，又嫌它不吉利、太難看。無形中就被懸在了半空。怎樣才能擺脫這種尷尬局面呢？急切中，楊琳忽然來了靈感：把房子好好裝修一下，讓設計師巧妙利用空間，「隱去」橫梁和三尖八角不就行了？楊琳找到一家裝飾公司，把設計師帶到現場一看，他說其實問題很好解決。根據楊琳的要求，他很快就用電腦製作出了效果圖。

一個多月後，房子裝修好了，楊琳一走進去簡直大吃一驚，雅致、大氣，高貴而不失華麗。正午的陽光照在陽臺上，有一種深邃燦爛的明亮感。置身這溫馨的「小宮殿」裡，楊琳第一次有了「家」的感覺。真是個舒適的華屋啊！當時楊琳就想，這間房不賣了，留給自己享受，哪怕有人給 100 萬美金！不過，因裝修花的 100 萬元是向朋友借的，最後楊琳還是忍痛割愛，以 500 萬元的價格把它轉讓給了一對外籍夫婦。雖然有些遺憾，但這次楊琳一下就賺了 185 萬，而時間只有一個多月。

自己當老闆很高興

隨著「找房」經驗的不斷累積，這幾年自己在圈子裡漸漸有了些名氣，一些有實力的老闆紛紛找上門來，要求與楊琳聯手投資。楊琳當然也很樂意。以楊琳現在的累積，小打小鬧還可以，但要想迅速做大，依舊有些力不從心，而在這樣的地方，商機轉瞬即逝。況且，不是有人說了嗎？用自己的錢賺錢不算本事，能用別人的錢替自己賺錢的人才是真正的有本事。楊琳就想當那個真正有本事的人。

一年春天，楊琳和她的合作夥伴成功拍得某商廈一個三層的辦公室，面積有 100 多坪。與住宅類物業相比，辦公室的拍賣價是最「低」的。當時該大廈每坪的市場售價是 15 萬元，而楊琳拍到的價格是每坪 5 萬元，僅為當初市場價的三分之一。即使是這樣，100 多坪的面積也需要 500 多萬元的資

金，如果不借外力，以楊琳一人的實力是拿不下來的。眼看著這樣一隻肥羊從自己面前跑過而吃不到，豈不要後悔死？這個辦公室經楊琳她們整修後賣出去，楊琳和合作夥伴都美美的賺了一大筆錢。

半年後，楊琳又「找」到一單連男友都嚇得直冒冷汗的生意。當時郊區一家倒閉的購物中心要拍賣，到現場認真考察後，楊琳和合夥人陳先生等人擊敗眾多競爭對手，以 2,300 萬元的價格拿下，後經過裝修改造打出了全新的商城招牌。購物中心一層變成了七個適合做高級服裝和皮件生意的大型商鋪，每間 33 坪左右，以 350 到 400 萬元一個的價格出售。二樓是飯店和夜總會。裝修工程結束後，僅七個店面就讓楊琳們收回了全部投資。從此，楊琳也擠進了千萬富姐的行列！其實這單生意，男朋友完全沒有必要冒冷汗，楊琳出的主要是眼光，陳先生等人出的才是真金白銀，楊琳在經濟上並無多大風險。這話說起來「卑鄙」，但是實情。楊琳的合作夥伴都明白這一點，也並不計較。有錢一起賺，各盡其能，各出其力，這就是這裡的人為什麼比外地人能發財的原因。

經過幾年的打拚，如今楊琳已有了屬於自己的車和房，就連在外商工作的幾位朋友，都羨慕不已的說楊琳是快樂的「老闆」。是啊，荷包鼓了，走起路來都覺得自己頭抬得高高的，很酷！

從普通上班族到身家千萬，很多人認為這條路很漫長，甚至一生都無法到達成功的彼岸，而楊琳只花了不到三年的時間就完成了。穿行在繁華的街道上，楊琳常常會想，其實賺錢只需要一點點眼光，外加一點點智慧！

財技解剖

楊琳的賺錢故事看似偶然，其實有其必然。與炒房團不同，他們買房，所到之處，都是整棟樓整棟樓的買，即使買獨立住宅，也只要有陽光、位置好的，差一點的房子，他們都不要。楊琳沒有那麼多的資金，她只好撿些「邊角餘料」交易。在交易中，她遵循了兩個行銷法則：

第一，沒有不好的產品，只有不好的推銷員。任何在別人看來不好、不合格的產品，當它找到了合適的銷售對象的時候，它就成了人見人愛的好產品，楊琳賣給那對上班族夫妻的第一間拍賣房就是這種情況。

第二，好的產品需要好的包裝，適當的包裝可以修正產品的缺陷，提升產品的等級，贏得顧客的歡心。那間在當地人眼裡醜陋、不吉利的拍賣房，經過楊琳巧妙的創意和包裝，煥然一新，一個多月就升值了近 60%（買進 215 萬元，裝修 100 萬元，賣出 500 萬元），也就是說，在一個多月的時間內，楊琳就獲得了近 60%的投資報酬率，可視同暴利。進一步，楊琳又實現了將自己的無形資產向有形資產的轉換，明智的利用自己在市場上獲得的口碑和名聲作為槓桿，與他人合夥合作，巧妙借用他人的資金力量，連續做成了幾樁單純依靠其個人財力根本不可能做成的生意，從而在幫助別人賺錢的同時，也在最短時間內完成了自己的原始累積，完成了自己在財富平臺上的跨越，其高明財技令人折服。所謂財技，所謂資本運作，看來並不只是各色有錢人們的專利，中小投資者照樣可以「資本運作」，可以擁有自己獨屬的「財技」。另一方面，按照一句流傳甚廣的話來說：「一流企業賣標準，二流企業賣品牌，三流企業賣技術，四流企業賣產品」。26 歲的女孩楊琳將個人當作企業來經營，在短時間內就完成了從四流企業到二流企業的邁進，同樣足以自豪。

財富道路百百種，什麼樣的人能成千萬富翁

通往財富的道路有很多條，但條條道路都驚人的相似。而且令人詫異的是，拚命累積財富的人也驚人的相似，他們在心理特徵上就像是同一個模子壓出來的一樣。

千萬富翁絕大多數是白手起家的

千萬富翁都是出身貧窮的人，累積金錢對於那些一貧如洗的人有著不可抗拒的力量。這些男人是很有冒險精神的，他們勇於冒那些腳踏實地的、賺死薪水的人所不敢涉足的風險。他們是精明能幹的，他們很有遠見卓識；他們的天才在於能知道如何利用別人的主意來賺錢。這是賺錢的真正祕訣——利用別人創造性的思想，並且把它們運用到實際中去。

這樣的人很容易和別人打成一片。他們很有洞察力，他們會觀察別人，知道如何透過與別人打交道，來獲得他們所需要的東西，也知道別人對他們的反應如何。追求財富的人內心深處有著強烈的孤獨感，但他們並不因此而去追求政治上的名望和成就。賺錢是他們絕對全神貫注的追求。這給他們勝於一切的最大滿足和快樂。

獲取財富一共有五項主要的「指南」：

（一）讓金錢成為你的情人。別在性愛上浪費時間和精力，你會發現，從長遠來看，賺錢比性愛更讓人興奮，這可不是空頭支票。

（二）尋求需求，滿足需求。追求財富者的最大天分是瞄準時機，預測所需。美國速食食品正是滿足人們需要的例子。

（三）謹防從眾心理。大眾心理弊病多，即使它是正確的，追隨它一般也沒有什麼利潤。在一定情況下，摘取經濟精華的都是帶頭人而不是追隨者。

（四）當雇主而不是員工。那些滿足於雇主付給他們高薪的人並不是真正追求財富的人，他們的目標僅僅是成就感或權力欲。你最好去當老闆，即使員工只有你一個，賺的錢也會比任何一個公司付給你的多。

（五）發展你的支配技巧。大多數人認為，支配別人，讓他們去做你想讓他們做的事情非常惡劣。然而，實際情況是，我們時時都在自己沒有意識到的情況下支配著別人。

追求財富的人常常是直覺的支配著別人，而且是個行家高手。

沒有好的想法，就別衝動創業

餿主意讓你傾家蕩產，好點子帶你財務自由

編　　者：胡文宏，呂雙波
發 行 人：黃振庭
出 版 者：崧燁文化事業有限公司
發 行 者：崧燁文化事業有限公司
E-mail：sonbookservice@gmail.com
粉 絲 頁：https://www.facebook.com/sonbookss/
網　　址：https://sonbook.net/
地　　址：台北市中正區重慶南路一段六十一號八樓 815 室
Rm. 815, 8F., No.61, Sec. 1, Chongqing S. Rd., Zhongzheng Dist., Taipei City 100, Taiwan (R.O.C)
電　　話：(02)2370-3310
傳　　真：(02) 2388-1990
印　　刷：京峯彩色印刷有限公司（京峰數位）

定　　價：375 元
發行日期：2021 年 11 月第一版
◎本書以 POD 印製

國家圖書館出版品預行編目資料

沒有好的想法，就別衝動創業：餿主意讓你傾家蕩產，好點子帶你財務自由 / 胡文宏，呂雙波編著. -- 第一版. -- 臺北市：崧燁文化事業有限公司, 2021.11
面；　公分
POD 版
ISBN 978-986-516-896-4(平裝)
1. 創業 2. 決策管理 3. 商業經營
494.1　　110017296

電子書購買

臉書